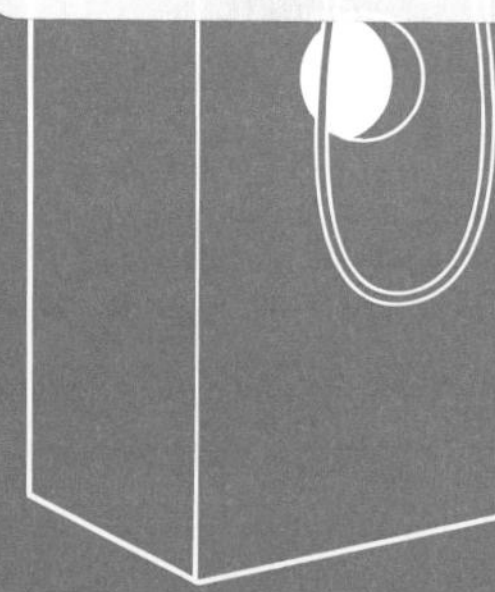

Axel Gutjahr

Vögel zu Gast im Garten

Beobachten · bestimmen · schützen

Vogelstimmen

Gesänge und Rufe unserer Gartenvögel – per QR-Codes

In diesem reich bebilderten Band finden Sie auf den Seiten 104 bis 251 ausführliche Artenporträts zu insgesamt 114 der attraktivsten und häufigsten Gartenvögel. Zu Beginn jeder vorgestellten Vogelart befindet sich ein QR-Code, mit dessen Hilfe Sie zu Hause oder unterwegs auf Ihrem Smartphone oder Tablet die charakteristischen Gesänge oder Rufe der jeweiligen Vogelart wiedergeben können. Und so geht's:

- Eine beliebige App zum Scannen von QR-Codes – die gibt es kostenlos in jedem App-Store – auf dem Smartphone oder Tablet installieren, falls noch nicht vorhanden.
- Die App starten und den QR-Code aus dem Buch scannen.
- Die Vogelstimme abspielen.

Alternativ lassen sich die Gesänge und Rufe auch an jedem PC oder Laptop abspielen und zusätzlich herunterladen. Einfach den folgenden Link in der Adresszeile des Browsers eingeben und in der Artenliste (geordnet in der systematischen Reihenfolge des Buches) die gewünschte Vogelstimme aufrufen:

- www.naumann-goebel.de/birds

Ob zu Hause oder unterwegs – wir wünschen viel Spaß und Freude bei Ihrer ganz individuellen Vogelstimmen-Exkursion! Die Reihenfolge der Vogelstimmen entspricht der systematischen Ordnung im Buch und ist in der folgenden Übersicht dargestellt.

Seite im Buch	Vogelart	
106	Feldlerche	*Alauda arvensis*
107	Haubenlerche	*Galerida cristata*
108	Mehlschwalbe	*Delichon urbicum*
110	Rauchschwalbe	*Hirundo rustica*
112	Bachstelze	*Motacilla alba*
114	Gebirgsstelze	*Motacilla cinerea*
115	Schafstelze	*Motacilla flava*
116	Wiesenpieper	*Anthus pratensis*
117	Baumpieper	*Anthus trivialis*
118	Sommergoldhähnchen	*Regulus ignicapillus*
119	Wintergoldhähnchen	*Regulus regulus*
120	Seidenschwanz	*Bombycilla garrulus*
121	Wasseramsel	*Cinclus cinclus*
122	Zaunkönig	*Troglodytes troglodytes*
124	Heckenbraunelle	*Prunella modularis*
126	Steinrötel	*Monticola saxatilis*
127	Rotdrossel	*Turdus iliacus*

Seite im Buch	Vogelart	
128	Amsel	*Turdus merula*
131	Singdrossel	*Turdus philomelos*
132	Wacholderdrossel	*Turdus pilaris*
134	Misteldrossel	*Turdus viscivorus*
135	Gelbspötter	*Hippolais icterina*
136	Blassspötter	*Iduna pallida*
137	Schlagschwirl	*Locustella fluviatilis*
138	Feldschwirl	*Locustella naevia*
139	Zilpzalp	*Phylloscopus collybita*
140	Waldlaubsänger	*Phylloscopus sibilatrix*
141	Fitislaubsänger	*Phylloscopus trochilus*
142	Mönchsgrasmücke	*Sylvia atricapilla*
144	Gartengrasmücke	*Sylvia borin*
145	Dorngrasmücke	*Sylvia communis*
146	Zaungrasmücke	*Sylvia curruca*
147	Sperbergrasmücke	*Sylvia nisoria*
148	Rotkehlchen	*Erithacus rubecula*

Seite im Buch	Vogelart	
150	Trauerschnäpper	*Ficedula hypoleuca*
151	Sprosser	*Luscinia luscinia*
152	Nachtigall	*Luscinia megarhynchos*
153	Blaukehlchen	*Luscinia svecica*
154	Steinschmätzer	*Oenanthe oenanthe*
155	Hausrotschwanz	*Phoenicurus ochruros*
156	Gartenrotschwanz	*Phoenicurus phoenicurus*
157	Braunkehlchen	*Saxicola rubetra*
158	Schwarzkehlchen	*Saxicola rubicola*
159	Bartmeise	*Panurus biarmicus*
160	Schwanzmeise	*Aegithalos caudatus*
161	Tannenmeise	*Periparus ater*
162	Blaumeise	*Cyanistes caeruleus*
164	Haubenmeise	*Lophophanes cristatus*
165	Trauermeise	*Poecile lugubris*
166	Kohlmeise	*Parus major*
168	Weidenmeise	*Poecile montana*
169	Sumpfmeise	*Poecile palustris*
170	Kleiber	*Sitta europaea*
172	Gartenbaumläufer	*Certhia brachydactyla*
173	Waldbaumläufer	*Certhia familiaris*
174	Rotrückenwürger	*Lanius collurio*
175	Raubwürger	*Lanius excubitor*
176	Pirol	*Oriolus oriolus*
177	Kolkrabe	*Corvus corax*
178	Aaskrähe	*Corvus corone*
180	Saatkrähe	*Corvus frugilegus*
181	Dohle	*Corvus monedula*
182	Eichelhäher	*Garrulus glandarius*
184	Elster	*Pica pica*
186	Star	*Sturnus vulgaris*
188	Haussperling	*Passer domesticus*
190	Weidensperling	*Passer hispaniolensis*
191	Feldsperling	*Passer montanus*
193	Bluthänfling	*Carduelis cannabina*
194	Stieglitz	*Carduelis carduelis*
196	Grünfink	*Carduelis chloris*
197	Birkenzeisig	*Carduelis flammea*
198	Erlenzeisig	*Carduelis spinus*
199	Kernbeißer	*Coccothraustes coccothraustes*

Seite im Buch	Vogelart	
200	Buchfink	*Fringilla coelebs*
202	Bergfink	*Fringilla montifringilla*
203	Fichtenkreuzschnabel	*Loxia curvirostra*
204	Gimpel	*Pyrrhula pyrrhula*
205	Girlitz	*Serinus serinus*
206	Grauammer	*Emberiza calandra*
207	Zippammer	*Emberiza cia*
208	Zaunammer	*Emberiza cirlus*
209	Goldammer	*Emberiza citrinella*
210	Ortolan	*Emberiza hortulana*
211	Kappenammer	*Emberiza melanocephala*
214	Buntspecht	*Dendrocopos major*
216	Mittelspecht	*Dendrocopos medius*
217	Kleinspecht	*Dendrocopos minor*
218	Blutspecht	*Dendrocopos syriacus*
219	Wendehals	*Jynx torquilla*
220	Grauspecht	*Picus canus*
221	Grünspecht	*Picus viridis*
224	Stadttaube	*Columba livia*
225	Hohltaube	*Columba oenas*
226	Ringeltaube	*Columba palumbus*
227	Türkentaube	*Streptopelia decaocto*
230	Sperber	*Accipiter nisus*
231	Mäusebussard	*Buteo buteo*
232	Rotmilan	*Milvus milvus*
233	Wanderfalke	*Falco peregrinus*
234	Turmfalke	*Falco tinnunculus*
235	Schleiereule	*Tyto alba*
236	Steinkauz	*Athene noctua*
237	Sperlingskauz	*Glaucidium passerinum*
238	Waldkauz	*Strix aluco*
242	Stockente	*Anas platyrhynchos*
243	Rebhuhn	*Perdix perdix*
244	Fasan	*Phasianus colchicus*
245	Kiebitz	*Vanellus vanellus*
246	Kuckuck	*Cuculus canorus*
248	Mauersegler	*Apus apus*
249	Eisvogel	*Alcedo atthis*
250	Bienenfresser	*Merops apiaster*
251	Wiedehopf	*Upupa epops*

Inhalt

6 Gefiederte Gäste

8 Was man über Vögel wissen möchte

10 Heimatverbundene und Meisterflieger

12 Nestflüchter und Nesthocker

14 Eine zwitschernde Uhr

16 Gärten und ihre spezifische Vogelwelt

18 Die grüne Vielfalt von Gärten

24 Die Umgebung ist häufig entscheidend

30 Vogelparadiese schaffen

32 Je mehr Strukturen, desto besser

38 Wasser steigert die Chancen

42 Nistkästen und Nisthilfen

44 Die Vielfalt der Nistkästen

50 Bauanleitung für einen Meisenkasten

54 Nisthilfen für Freibrüter

58 Kompromisse zwischen Mensch und Tier

60 Nahrung und Fütterung

62 Nähr- und Ergänzungsstoffe

70 Der gedeckte Tisch der Natur

80 Die Natur kennt weder Nützlinge noch Schädlinge

84 Vogelfütterung – ganzjährig oder nur im Winter?

90 Gefahren für unsere Gartenvögel

92 Konkurrenz und natürliche Auslese

94 Sichtbare und unsichtbare Gefahrenquellen

98 Räuber und Störenfriede

104 Singvögel

106 Lerchen

108 Schwalben

112 Stelzen und Pieper

118 Goldhähnchen

120 Seidenschwänze

121 Wasseramseln

122 Zaunkönige

124 Braunellen

126 Drosseln

135 Zweigsänger

148 Fliegenschnäpper

159 Bartmeisen

160 Schwanzmeisen

161 Meisen

170 Kleiber

172 Baumläufer

174 Würger

176 Pirole

177 Rabenvögel

186 Stare

188 Sperlinge

193 Finken

206 Ammern

212 Spechte

222 Tauben

228 Greifvögel und Eulen

230 Habichtartige

233 Falken

235 Schleiereulen

236 Eulen

240 Sonstige Vögel

242 Entenvögel

243 Fasanenartige

245 Regenpfeifer

246 Kuckucke

248 Segler

249 Eisvögel

250 Spinte

251 Wiedehopfe

252 Register

Gefiederte Gäste

Was man über Vögel wissen möchte

Heimatverbundene und Meisterflieger

Nestflüchter und Nesthocker

Eine zwitschernde Uhr

Was man über Vögel wissen möchte

Gärten sind nicht nur Flächen, auf denen die unterschiedlichsten Pflanzen kultiviert werden, sondern zugleich Lebensräume für viele Tiere. Zu diesen gehören auch zahlreiche Vogelarten, die sich entweder für längere Zeit in Gärten ansiedeln oder sie häufig anfliegen, um beispielsweise Nahrung zu suchen.

Verständlicherweise genügt es den allermeisten Gartenfreunden jedoch nicht, diese Vögel einfach nur zu beobachten und sich an deren Gesängen zu erfreuen, sondern sie möchten ihre kleinen, gefiederten Gäste auch sicher erkennen können und mehr über deren Lebensweise wissen. Ein derartiges Wissen bildet wiederum die Basis dafür, wie man den eigenen Garten besonders vogelfreundlich gestalten und bestimmten Arten ganz gezielt „unter die Arme" oder besser gesagt „Flügel" greifen kann.

Vögel, hier eine weibliche Gebirgsstelze, gehören zu den gleichwarmen Wirbeltieren.

Die Besonderheiten der Vögel

Die heutigen Vögel stammen alle von gefiederten Dinosauriern ab, sind also direkt mit den Reptilien verwandt. Einer der größten Vorteile, den die Vögel im Verlauf ihrer Evolution gegenüber den meisten Reptiliengruppen erlangten, ist die Fähigkeit zur aktiven Regulierung der Körpertemperatur. Man spricht auch davon, dass die Vögel (genau wie die Säugetiere) gleichwarm sind, während es sich bei den Fischen, Amphibien und heutigen Reptilien um wechselwarme Tiere handelt. Ihrer sogenannten Thermoregulation verdanken es somit bestimmte Vogelarten, dass sie ganzjährig in Gebieten agil sein können, in denen die Temperaturen fast ständig (wie in der Antarktis) oder zumindest längere Zeit (wie etwa während eines harten Winters in Europa) unter Null Grad Celsius liegen.

In einem Aspekt unterscheiden sich die Vögel jedoch von allen anderen Wirbeltierklassen: Während nicht nur fast alle Säugetiere, sondern auch ein paar Ausnahmevertreter unter den Fischen, Amphibien und Reptilien lebende Jungen zur Welt bringen, die sich zuvor vollständig entwickeln konnten, ist das bei den Vögeln nicht der Fall. Stattdessen legen alle Vögel Eier – Ausnahmen von der Regel gibt es hier nicht.

Leichtgewichte der Evolution

Neben der Fähigkeit zur aktiven Thermoregulation entwickelte sich im Verlauf der Evolution bei den meisten Vogelarten auch das Flugvermögen enorm weiter. Dazu war jedoch nicht nur eine Perfektionierung der Schwungfedern erforderlich, sondern es musste gleichzeitig auch eine deutliche Abnahme des überschüssigen Ballasts erfolgen. So kam es, dass allmählich die Zähne verschwanden und in zahlreichen Knochen eine sogenannte Pneumatisierung, also Füllung mit Luft, erfolgte. Diese Pneumatisierung führte dazu, dass der Anteil des Skeletts nur 8–9 % am Gesamtgewicht eines Vogels beträgt. Im Vergleich dazu beträgt der Knochenanteil bei Säugetieren fast ein Drittel des Gesamtgewichts.

Ein Kolkrabe im Landeanflug: Im Verlauf der Evolution perfektionierten die Vögel ihr Flugvermögen enorm.

Eine Gemeinsamkeit aller Vögel besteht darin, dass alle Arten, wie auch dieser Kleiber, Eier legen.

Eine von Vögeln eroberte Welt

Im Lauf ihrer über 100 Millionen Jahre währenden Entwicklungsgeschichte haben sich die Vögel in viele verschiedene Ordnungen und Familien aufgespalten und alle geografischen Regionen der Erde erobert. Bislang sind weltweit über 10 000 Vogelarten bekannt.

Heimatverbundene und Meisterflieger

Je nachdem, ob die einzelnen Arten im Herbst in weit entfernte Regionen beziehungsweise auf andere Kontinente fliegen oder fast immer ganzjährig in einem bestimmten Gebiet bleiben, unterscheidet man zwischen Zugvögeln und Standvögeln.

Die Tannenmeise gehört zu den Standvögeln, verbleibt also ganzjährig im Brutgebiet.

Zu den Standvögeln, die auch als Jahresvögel bezeichnet werden, gehören beispielsweise die Tannenmeise, der Waldkauz und der Schwarzspecht. Eine dritte Kategorie sind die sogenannten Teilzieher. Dabei handelt es sich um Arten, von denen nur ein Teil der Vögel im Herbst in andere Regionen fliegt und von dort, genau wie die Zugvögel, erst im folgenden Frühjahr zurückkehrt. Bekannte Beispiele für Teilzieher sind Stare und Rotkehlchen.

Aufgrund der globalen Erwärmung, die seit ein paar Jahrzehnten zunehmend spürbar wird, haben allerdings zahlreiche klassische Teilzieher damit begonnen, ihr Zugverhalten allmählich aufzugeben und immer öfter ganzjährig in ihren Brutgebieten zu bleiben. Eine ähnliche Tendenz ist auch bei manchen Arten zu beobachten, die noch vor einigen Jahrzehnten als typische Zugvögel galten. Diese Vögel ziehen manchmal nicht mehr bis in die tropischen Regionen Asiens oder Afrikas, sondern verbringen den Winter im Mittelmeerraum, wo auch während dieser Zeit ein relativ mildes Klima herrscht.

Kurz- und Langstreckenzieher

Die Zugvögel kann man in Kurz- und Langstreckenzieher unterteilen. Während die Langstreckenzieher normalerweise bis in die zentralen oder gar südlichen Gebiete Afrikas oder nach Südostasien fliegen, befinden sich die Winterquartiere der Kurzstreckenzieher zumeist schon in Süd- und Westeuropa oder im Mittelmeerraum. Und der wesentliche Unterschied zwischen den Kurzstrecken- und den bereits genannten Teilziehern besteht wiederum darin, dass bei Letzteren im Herbst nicht alle Exemplare zum Flug in die Winterquartiere aufbrechen.

Die Hauptursache, warum im Herbst überhaupt viele Vogelarten ihre Sommerquartiere verlassen müssen, ist die einsetzende Nahrungsverknappung. Davon sind insbesondere die Spezialisten unter den Vögeln betroffen, die sich fast ausschließlich von kleinen Insekten und Spinnen ernähren und während der kalten Jahreszeit nicht mehr genügend Futter finden würden.

Der Kuckuck gehört zu den Langstreckenziehern.

Dagegen handelt es sich beim Hausrotschwanz um einen Kurzstreckenzieher.

Entsprechend ihrem angeborenen Verhalten führen die Vögel ihre Wanderungen entweder allein, in kleinen Gruppen oder großen Schwärmen durch. Dabei fliegen sie immer bestimmte Routen, die bereits ihre Vorfahren seit Jahrhunderten benutzten. Die Orientierung auf diesen Zügen erfolgt vor allem durch einen bei den Vögeln stark ausgeprägten Magnetsinn, der in Verbindung mit dem Erdmagnetfeld wie ein Ortungsmechanismus funktioniert.

Nestflüchter und Nesthocker

Alle Vogelarten lassen sich anhand des physischen Entwicklungszustands und Verhaltens ihrer Jungen nach dem Schlüpfen aus den Eiern zwei grundsätzlichen Typen zuordnen. So unterscheidet man zwischen Nestflüchtern und Nesthockern.

Manche mögen's bequem, andere haben es ganz eilig

Die Nestflüchter „kämpfen" sich in einem körperlich sehr weit fortgeschrittenen Zustand aus den Eierschalen heraus. Augen und Ohren sind bereits geöffnet und ihr Körper wird von feinen Daunenfedern bedeckt, die zwar anfangs noch etwas feucht sind, aber sehr schnell an der Luft trocknen. Oftmals dauert es nur wenige Minuten, bis die Jungen erste Steh- und Gehversuche unternehmen und kurz danach auch frei herumlaufen. Außerdem sind die kleinen Nestflüchter in der Lage, sofort selbstständig zu fressen, weshalb sie von den Altvögeln auch niemals gefüttert werden. Das bedeutet nicht, dass sich die Altvögel nicht um ihre Jungen kümmern. Ganz im Gegenteil, in vielen Fällen leben die kleinen Nestflüchter eine Zeitlang mit ihren Eltern als Familienverband zusammen. Die Altvögel schützen dann ihre Jungen nicht nur vor den zahlreichen Gefahren, sondern führen sie auch oft zu besonders ergiebigen Futterstellen.

Im Gegensatz zu den Nestflüchtern werden die Nesthocker in einem noch stark unreifen Zustand geboren. Häufig sind ihre Augen und Ohren noch nicht geöffnet. Außerdem

Bei allen Greifvögeln werden die Jungen bis zum Flüggewerden intensiv versorgt.

weist der Körper dieser Nestlinge noch keine oder nur sehr wenige wärmende Daunenfedern auf, die zumeist erst nach und nach in den folgenden Tagen wachsen. Bis zum Flüggewerden, also dem Zeitpunkt an dem die Jungen erstmals fliegen können, versorgen die Altvögel ihren Nachwuchs mit geeignetem Futter. Sobald sich die Altvögel auf dem Nestrand niederlassen, wird jedes Mal eine minimale Erschütterung ausgelöst. Diese wirkt vor allem bei noch blinden und tauben Jungen als ein Reiz, der sie veranlasst, ihre Schnäbel aufzusperren. Die weit geöffneten, zumeist kräftig rot gefärbten Schlünde stellen wiederum einen wichtigen Reiz für die Altvögel dar, der sie intensiv dazu stimuliert, ihren Jungen die herbeigeschaffte Nahrung in die Schnäbel zu stopfen.

Die Küken der Stockente sind typische Nestflüchter (links). Sie können sich sofort selbst versorgen, verbleiben aber zunächst noch längere Zeit im schützenden Familienverband.

Hudern stärkt die Mutter-Kinder-Beziehung

Bei zahlreichen Nestflüchterarten werden die Jungen häufig von der Mutter gehudert. Zu diesem Zweck kriechen die Jungen vor allem bei starker Hitze, Kälte oder Regen unter die Flügel der Mutter beziehungsweise schmiegen sich eng an deren Bauchgefieder. Dieses Hudern erfüllt aber nicht nur einen schützenden Zweck, sondern trägt gleichzeitig zur Stärkung der Mutter-Kinder-Beziehung bei.

Bachstelze bei der Fütterung am Nest (rechts)

Eine zwitschernde Uhr

Gartenfreunde, die gern sehr zeitig aufstehen, benötigen Mitte Mai nicht unbedingt eine Uhr, um ziemlich genau zu wissen, wie spät es ist. Zu dieser Jahreszeit lässt sich nämlich die morgendliche Uhrzeit sehr gut anhand des Vogelgesangs feststellen.

Die unterschiedlichen Teilnehmer bei dieser „Vogeluhr" erwachen ein wenig zeitversetzt, wobei die verschiedenen Helligkeitsstufen der Morgendämmerung als der entscheidende Weckreiz dienen.

Nach dem Erwachen stimmen die Männchen dieser Vogelarten sofort ihren Gesang an, der einerseits dazu dient, männlichen Artgenossen klar zu machen, dass das betreffende Revier bereits besetzt ist, und andererseits – solange es sich noch um Junggesellen handelt – auch paarungswillige Weibchen anlocken soll. Reiht man die Zeiten aneinander, zu denen die im abgebildeten Beispiel aufgeführten Vogelarten erstmals ihren Morgengesang ertönen lassen, erhält man eine verhältnismäßig präzise funktionierende „Vogeluhr". Die Zeitangaben entsprechen dabei der Sommerzeit.

Die unterschiedliche Intensität des Lichts am Morgen wirkt für die Vögel als Weckreiz.

Der Buntspecht gehört zu den Langschläfern.

Aber auch für diejenigen Gartenfreunde, die lieber einmal etwas länger schlafen möchten, hält die Natur einen „Wecker" bereit: den Buntspecht. Dieser schläft ebenfalls gern sehr lange und lässt deshalb seine Laute („pix, pix" oder „kick, kick", manchmal auch „grägrägrä") sowie sein Hämmern auf die Borke von Bäumen und Ästen erst gegen etwa 9.00 Uhr ertönen.

Morgenstund hat Gold im Mund

Gärten und ihre spezifische Vogelwelt

Die grüne Vielfalt von Gärten

Die Umgebung ist häufig entscheidend

Die grüne Vielfalt von Gärten

Bei einem Garten handelt es sich um ein abgegrenztes, oftmals eingefriedetes Stück Land, das der Mensch von der Natur übernommen und nach seinen Vorstellungen verändert hat. Die einzelnen Gartengrundstücke unterscheiden sich in vielen Fällen nicht nur in ihrer Flächengröße, sondern werden häufig auch recht unterschiedlich genutzt.

Nutz- und Ziergärten

In früheren Zeiten legten die meisten „kleinen Leute" ihre Gärten vorrangig an, um darin Obst- und Gemüsepflanzen zu kultivieren und von diesen möglichst hohe Erträge zu erzielen. Gelegentlich befanden sich an den Randbereichen sowie den Hauptwegen dieser Gärten noch ein paar sehr schmale Beete mit Blumen, welche als schmückendes Beiwerk fungierten. Obwohl man diesen klassischen Nutzgarten, beispielsweise in Form von Schrebergärten, immer noch häufig vorfindet, entstand aufgrund des gestiegenen Lebensniveaus ein weiterer Gartentyp, den man als Ziergarten bezeichnet. In diesem Gartentyp dominieren Blumen, unterschiedliche Gehölzarten (oft mit einem hohen Koniferenanteil) und Rasenflächen. Viele Ziergartenbesitzer haben auch einen Teich in ihre Gartenlandschaft integriert, wodurch diese optisch oftmals erheblich aufgewertet wird.

Ziergarten mit hohem Koniferenanteil

Sonderformen des Ziergartens sind thematische Gärten, in denen beispielsweise vorwiegend Rosen gepflegt werden oder auch Steinbeete angelegt wurden, um auf diesen alpine Pflanzenarten zu kultivieren. Obwohl es im ersten Moment mitunter nicht den Anschein hat, stellen auch die sogenannten naturnahen Gärten eine Sonderform des Ziergartens dar. Denn der Unterschied zwischen einem naturnahen und einem verwilderten Garten besteht darin, dass der Mensch durch seine Pflegemaßnahmen trotzdem regulierend in die artenmäßige Zusammensetzung der Pflanzenbestände eingreift.

Ein weitläufiger Staudengarten (links)

Ziergarten im Frühling mit blühenden Gehölzen, wie etwa dem Blumenhartriegel

Streuobstwiesen bieten vielen Vogelarten Nistgelegenheiten und Nahrung.

Gartenlandschaft, in der Steinbeete dominieren.

Gartenlandschaften können sehr vielgestaltig sein. Hier ein Staudengarten mit abgestorbenem Baum.

Mischgärten

Schließlich existieren noch Formen, die man als Mischgärten bezeichnen kann. In diesen sind die unterschiedlichen Elemente aus Nutz- und Ziergärten vereint. Beispielsweise können solche Mischgärten aus einem Teil mit Gemüsebeeten, einer Rasenanlage, auf die ein paar Obstbäume gepflanzt wurden, sowie aus Bereichen mit Stein- und Staudenbeeten bestehen.

Weitere Gartenformen

Bei der Vorstellung des Vogelbestands möchte dieses Buch den Begriff „Garten" in etwas erweiterter Form sehen. Neben den klassischen Gärten, die sich entweder direkt am Haus oder innerhalb sowie außerhalb von Ortschaften befinden können, wurden darüber hinaus auch Obstplantagen, Streuobstwiesen, Weinberge, Wochenendgrundstücke sowie garten- und parkähnliche Anlagen berücksichtigt, die man zur Begrünung von Städten und Gemeinden angelegt hat.

Streuobstwiesen und Obstplantagen

Bei Streuobstwiesen handelt es sich um Flächen, auf denen zumeist unstrukturiert hochstämmige Obstbäume verschiedener Arten und Sorten angepflanzt wurden. Nicht selten unterscheiden sich die Bäume deutlich in ihrem Alter, weil abgestorbene Exemplare durch junge ersetzt wurden. Wie es bereits aus der Bezeichnung hervorgeht, befindet sich unter den Bäumen eine wiesenähnliche Struktur, die vorwiegend aus Gras, Kräutern und Wiesenblumen besteht. In vielen Fällen werden Streuobstwiesen auch zur Gewinnung von Grünfutter und Heu genutzt, wobei man den zweiten Schnitt möglichst erst nach Mitte Juli durchführen sollte, um potenzielle Wiesenbrüter nicht bei ihrem Brutgeschäft zu stören.

Der wesentlichste Unterschied zwischen einer Streuobstwiese und einer Obstplantage besteht zumeist darin, dass sich auf Letzterer unter den Bäumen oft nur wenig Grünaufwuchs befindet. Außerdem wird in Obstplantagen zumeist nur eine Baumart kultiviert, die man fast immer in „Reih und Glied" angepflanzt hat.

Garten- und parkähnliche Anlagen in Siedlungen

Bei garten- und parkähnlichen Anlagen handelt es sich um Flächen, die mit Blumen und Gehölzen bepflanzt wurden, wobei der Anteil an Sträuchern oft größer ist als an Bäumen. Nicht selten sind in diese Anlagen

Parkartige, gehölzreiche Gartenlandschaft mit großer Rasenfläche

noch mehr oder weniger große Rasenflächen integriert, die in der Regel häufig gemäht werden. Für sogenannte Heckenbrüter, zu denen beispielsweise die Mönchsgrasmücke und die Amsel gehören, erweisen sich vor allem unterholzreiche Anlagen als ein wahres „Eldorado". Hier finden diese Vögel nicht nur geeignete Brutplätze, sondern auch ausreichend Nistmaterial und Nahrung. In vielen Fällen nutzen auch Bodenbrüter, wie etwa die Nachtigall, den Schutz dichter Sträucher, um darunter ihr Nest zu errichten.

Vögel schützen – Hunde anleinen

Damit die Vögel, die sich in garten- und parkähnlichen Anlagen angesiedelt haben, während ihres Brutgeschäfts nicht von herumtollenden Hunden gestört werden, sollte man diese beim Betreten solcher Bereiche bitte grundsätzlich anleinen.

Nicht jeder Hund hat so viel Verständnis für die Vögel, dass er sogar diese Elster sehr nahe an sich heranlässt. Aus diesem Grund sollten die Vierbeiner in Gartenanlagen immer angeleint werden.

Die Umgebung ist häufig entscheidend

Zwischen der jeweiligen Umgebung und einem Garten beziehungsweise einer gartenähnlichen Anlage bestehen zahlreiche Wechselwirkungen, die oft in einem ganz entscheidenden Maße die Zusammensetzung des jeweiligen Vogelbestands mitbestimmen.

Grenzt beispielsweise ein größeres Waldgebiet direkt an einen Garten, so ist die Wahrscheinlichkeit deutlich höher, dass dieser von Spechten, Waldbaumläufern und Waldlaubsängern besucht wird. Befindet sich der Garten dagegen in einer ausgedehnten Wiesen- und Ackerlandschaft, bestehen bessere Chancen, dass sich gelegentlich Feldlerchen, Zaunammern oder Raubwürger einfinden. Ist die Lage des Gartens außerdem recht

Viehweiden oder Streuobstwiesen dienen vielen Vogelarten als Lebensraum, sodass häufig auch gern die angrenzenden Gärten besucht werden.

Die an einen Garten angrenzende Umgebung, wie hier diese ausgedehnte Wiesenfläche, bestimmen maßgeblich die Zusammensetzung der Vogelwelt mit.

Der Kiebitz ist ein Charaktervogel der Wiesen- und Weidelandschaften, der auch ausgedehnte Streuobstwiesen aufsucht.

ruhig, wählt der Raubwürger gern einige exponierte Plätze – beispielsweise Zaunpfähle oder Äste – als seinen Jagdansitz aus, weil von dort aus eine besonders gute Sicht auf das umliegende Gelände besteht. Erspäht der Raubwürger eine Maus oder ein anderes als Beute geeignetes kleines Tier, versucht er dieses im Gleitflug zu fangen.

In Gärten, die direkt an ein Wohnhaus grenzen oder sich inmitten von Städten beziehungsweise größeren Gemeinden befinden, wird die Vogelwelt des Gartens gelegentlich durch

Arten bereichert, die gern an Gebäuden brüten, wie etwa Tauben oder Schwalben. Ebenso trägt die Nähe von Gewässern, sei es ein Bach, der unmittelbar am Grundstück vorbeifließt, ein Teich, der in der Umgebung angelegt wurde, oder sogar ein Moor, häufig dazu bei, dass sich bestimmte – oft sogar sehr seltene – Vogelarten im Garten einstellen. Das können Wasseramseln, Schlagschwirle und Gebirgsstelzen sein.

In der Nähe befindliche Gewässer, wie dieser natürliche Bachlauf, lassen auch sehr seltene Vogelarten auftreten.

Aus angrenzenden verbuschten Bereichen oder Wäldern fliegen auch typische Waldvögel in die Gärten ein.

Je nach Lage des Gartens kann es durchaus zu überraschenden Besuchen – wie hier durch diesen Buntspecht – kommen.

Akzeptanz von unterschiedlichsten Gartentypen resultiert daraus, dass es sich bei den Gartenklassikern entweder um sehr anpassungsfähige Arten oder um sogenannte Kulturfolger handelt, die sich bevorzugt in menschlichen Siedlungsgebieten aufhalten. So kann es schon einmal passieren, dass eine Amsel ihr Nest nicht in einem Strauch oder niedrigen Baum errichtet, sondern dafür einen Geranientopf ausgewählt hat, der in einer Pergola aufgehängt wurde. Mancher Gartenfreund, der in solchen Fällen das teilweise errichtete Nest aus dem Blumentopf entfernte, musste anschließend feststellen, dass es sich bei der Amsel mitunter um einen sehr eigensinnigen und zugleich beharrlichen Vogel handeln kann, der an derselben Stelle unverdrossen erneut mit dem Nestbau beginnt.

Die Amsel ist sicherlich der bekannteste Gartenvogel.

Bachstelzen gehören zu den Kulturfolgern und bauen ihre Nester auch innerhalb von Dörfern und Städten.

Höckerschwäne begeben sich zur Nahrungssuche gelegentlich auch auf Streuobstwiesen oder in garten- und parkähnliche Anlagen.

Auch untypische Gäste stellen sich gelegentlich ein

Gelegentlich kommt es vor, dass plötzlich in Gärten und auf Streuobstwiesen Vogelarten auftauchen, die eigentlich nicht zu den typischen Bewohnern dieser Lebensräume gehören. So kann es passieren, dass in einem Garten plötzlich eine oder mehrere Stockenten *(Anas platyrhinchos)* oder auch eine der vielen anderen Entenarten herumwatscheln. In den meisten Fällen siedeln sich solche Besucher nicht dauerhaft im Garten an, sondern bleiben nur kurzzeitig, um nach Nahrung zu suchen.

Aus ähnlichen Gründen stellen sich auch manchmal Höckerschwäne *(Cygnus olor)* in großen Obstgärten, auf Streuobstwiesen oder garten- und parkähnlichen Anlagen ein. Die Höckerschwäne zupfen dann nicht nur Gras – in Gärten auch Grünen Salat oder andere zarte Blätter –, sondern nehmen außerdem Schnecken und Regenwürmer auf. In den meisten Fällen handelt es sich bei diesen Schwänen um wilde oder halbwilde Exemplare, deren normale Heimat beispielsweise Park- und Schlossteiche sind.

Vogelparadiese schaffen

Je mehr Strukturen, desto besser

Wasser steigert die Chancen

Je mehr Strukturen, desto besser

Die besten Voraussetzungen zur Ansiedlung eines möglichst großen Vogelbestands bieten Gärten, in denen sich nicht nur Blumen- und Gemüsebeete befinden, sondern die weitaus vielfältiger strukturiert sind.

In diesem naturnah gestalteten Garten finden die Vögel nicht nur zahlreiche Nistplätze, sondern auch eine Tränk- und Bademöglichkeit vor.

Naturnähe ist Trumpf

Bei den meisten Vogelarten stehen diejenigen Gärten als potenzielle Lebensräume besonders hoch im Kurs, die zumindest stellenweise sehr naturnah gestaltet wurden. Das bedeutet nicht, dass man den Garten zu einer völligen Unkrautwüste verkommen lassen muss. Wesentlich entscheidender ist, dass im Garten keine gestalterische Monotonie, sondern eine abwechslungsreiche Vielfalt vorherrschen sollte. So sind beispiels-

Dieser Holzstapel eignet sich als Ansitz und auch als Brutstätte für Halbhöhlenbrüter.

weise die Chancen äußerst gering, dass sich eine Vogelart dauerhaft in einem völlig ebenen Garten ansiedelt, dessen gesamte Fläche lediglich aus Rasen besteht, der nach klassischen englischen Vorbildern ständig sehr kurz gehalten wird.

Strukturelemente

Zu den Strukturelementen, die auf viele Vögel sehr einladend wirken, gehören vor allem Heckenformationen, dichte Strauchgruppen, Bäume sowie üppig mit Weinreben, Efeu

Bild auf der folgenden Doppelseite: Pfähle stellen für viele Vögel einen guten Ansitz dar.

Hausrotschwänze benötigen Nischen oder Halbhöhlen zur Aufzucht ihrer Jungen.

Je strukturreicher ein Garten ist, umso stärker zieht er Vögel an. Hier wurde ein lebender Zaun aus Weiden angelegt (unten).

oder anderen reichlich beblätterten Kletterpflanzen bewachsene Häuser, Lauben, Pergolen und Geräteschuppen. In derartigen Gärten finden die Vögel in den meisten Fällen sowohl genügend Nahrung als auch geeignete, oft etwas versteckt liegende Bereiche, wo sie in aller Ruhe Nester bauen und ihren Nachwuchs aufziehen können. Für zahlreiche Nischen- und Halbhöhlenbrüter, wie etwa den Hausrotschwanz und die Bachstelze, sind auch unter einem Vordach aufgeschichtete Kaminholzscheite sowie alte Steinmauern, aus denen bereits einzelne Steine herausgefallen sind, als Brut und Nistplätze äußerst interessant.

Zaunpfähle, die an ihrem oberen Ende nicht spitz zulaufen, stellen für viele Vögel gute Ruheplätze dar, von denen sie außerdem einen sehr guten „Rundumblick" haben.

Rasen und Wiesen

In einem reich strukturierten, vogelfreundlichen Garten muss auch nicht zwangsläufig auf eine oder mehrere Rasen- oder Wiesenflächen verzichtet werden. Ganz im Gegenteil, solche Rasen stellen ebenfalls gestalterische Elemente dar und tragen, wenn sie mehr oder weniger inselartig angelegt wurden, zur Auflockerung der Gartenlandschaft bei. Einige Vogelarten, wie etwa der Star und Amsel stolzieren gern auf derartigen Flächen herum, um nach Würmern und kleinen Schnecken zu suchen.

Totholz möglichst stehen lassen

Es handelt sich um einen ganz natürlichen Prozess, dass auf älteren Streuobstwiesen und in großen Obstgärten im Laufe der Jahre ab und zu ein Baum aufgrund seines fortgeschrittenen Alters abstirbt. Derartige Bäume sollte man möglichst nicht beseitigen, sondern so lange stehen lassen, bis sie von selbst umfallen, was mitunter allerdings ein paar Jahre dauern kann. Oftmals befinden sich nämlich in diesen Totbäumen kleine Höhlen beziehungsweise Astlöcher, die von verschiedenen Singvögeln gern als Nistmöglichkeit genutzt werden.

Nicht nur Spechte – wie dieser Schwarzspecht – profitieren von Totbäumen und Totholz.

Wasser steigert die Chancen

Alle Gärten, die nicht nur einen artenreichen Pflanzenbestand aufweisen, sondern in denen gleichzeitig dauerhaft zugängliches Wasser vorhanden ist, erfreuen sich bei den Vögeln einer besonders großen Beliebtheit.

An heißen Sommertagen nehmen viele Gartenvögel – hier Stare – gern ein erfrischendes Bad.

Erfrischende Bäder

Ohne regelmäßige Flüssigkeitszufuhr kann nahezu kein höheres Lebewesen über einen längeren Zeitraum existieren – und diesbezüglich stellen auch unsere Gartenvögel keine Ausnahmen dar. Im Gegenteil, die meisten Arten suchen sogar mehrmals täglich eine Tränke auf und sind an warmen Sommertagen nicht abgeneigt, im „nassen Element" ein erfrischendes Bad zu nehmen. Dabei ist es unerheblich, ob dieses Wasser aus einem Sprudelstein hervorplätschert, der von einem kleinen Wasserbecken umgeben ist, oder sich in einer speziell aufgestellten Vogeltränke beziehungsweise in einem Gartenteich befindet.

Vogelfreundliche Teiche

Gartenteiche erweisen sich insbesondere dann als gute Tränk- und Bade-

Katzensichere Vogeltränken

Wer im Fachhandel eine Vogeltränke erwerben möchte, sollte vorzugsweise ein Modell wählen, das sich entweder auf einer Säule oder einem senkrecht stehenden Metallrohr befindet. Derartige Vogeltränken haben sich als weitaus katzensicherer erwiesen als Modelle, die direkt am Boden aufgestellt werden. Weil die meisten Vogeltränken relativ flach sind und deshalb nur ein geringes Flüssigkeitsvolumen aufnehmen können, muss vor allem an heißen Sommertagen regelmäßig Wasser aufgefüllt werden, um so die Tränk- und Verdunstungsverluste auszugleichen.

An ungesicherten Tränk- und Bademöglichkeiten stellen oft Hauskatzen den Vögeln nach.

Wo keine Wasserstelle zur Verfügung steht, bietet man eine künstliche Vogeltränke an.

möglichkeiten, wenn sie über sehr flach auslaufende Uferbereiche verfügen. Um den Vögeln auch am Teich eine weitgehend katzensichere Wasseraufnahme zu ermöglichen, hat es sich bewährt, 35–50 cm vom Ufer entfernt ein paar flache Steine so zu platzieren, dass diese nur 1–2 cm über die Wasseroberfläche ragen. Außerdem sollten die einzelnen Steine weit voneinander entfernt sein und nur eine Oberfläche von etwa 15–25 cm^2 aufweisen, damit keine Katze darauf herumbalancieren kann.

Eine Badestelle am Gartenteich wird von Vögeln – hier Stare – gern angenommen.

Wasser, wie dieser Gartenteich, wirkt sich förderlich auf die Ansiedlung von Vögeln aus (rechts).

Nistkästen und Nisthilfen

Die Vielfalt der Nistkästen

Bauanleitung für einen Meisenkasten

Nisthilfen für Freibrüter

Kompromisse zwischen Mensch und Tier

Die Vielfalt der Nistkästen

Indem man neben den von Natur aus gegebenen Brutmöglichkeiten zusätzliche Nistkästen und andere Nisthilfen anbietet, kann man ganz gezielt versuchen, sowohl die Menge als auch die Artenzahl der Vögel in seinem Garten zu erhöhen.

Eine ganze Nistkastenbatterie an einem Schuppen

Wenngleich die meisten Vögel während der Brutzeit Reviere besetzen, in denen sie keine Artgenossen dulden, ist es in sehr großflächigen Gärten unter Umständen trotzdem möglich, zwei oder sogar mehr Paare einer Art anzusiedeln. Zu diesem Zweck muss man die jeweils spezifischen Nistkästen in der größtmöglichen Entfernung zueinander anbringen, damit sich die künftigen Reviere nicht oder nur geringfügig überlappen.

Die unterschiedlichen Vorstellungen vom Eigenheim

Die typische Bruthilfe für Höhlen- und Halbhöhlenbrüter sind die Nistkästen. Diese bestehen gegenwärtig

Waldkauzbrutkästen

Nistkästen für Höhlenbrüter wie Meisen gleichen den Mangel an Naturhöhlen aus.

Universalbruthöhle

Bachstelzenbruthöhle

Zwei eingemauerte Dohlenkästen aus Holzbeton

Kolonie-Nistkasten für Sperlinge

Der Haussperling ist selten geworden. Er freut sich über vogelfreundliche Gärten mit ausreichend Nistmöglichkeiten.

größtenteils aus Holz oder Holzbeton. Bei Letzterem handelt es sich um ein industriell hergestelltes Gemisch aus Zement und groben Sägespänen. Aus dieser Holzbetonmasse lassen sich die verschiedenartigsten Nistkästen hervorragend formen.

Nischenbrüterkasten

Nistkästen mit kreisrunden Einfluglöchern

Vogelarten	Durchmesser des Einfluglochs in mm	Mindestmaße des Nistkastens in mm (B x T x H)
Blaumeise, Haubenmeise, Sumpfmeise, Tannenmeise, Feldsperling	26–28	120 x 120 x 200
Kohlmeise, Kleiber, Trauerschnäpper, Haussperling	30–34	130 x 130 x 200
Steinkauz	100	250 x 250 x 350
Waldkauz	130	300 x 300 x 400

Die Form der Einfluglöcher

Besonders wichtige Kriterien, die man beim Bau eines Nistkastens beachten muss, sind die Form und die Größe des Einfluglochs. Als genauso wichtig hat sich erwiesen, dass die Größe des Brutraums den spezifischen Ansprüchen der jeweiligen Vogelarten entspricht. In der obigen tabellarischen Übersicht sind die Raumansprüche von Vogelarten enthalten, die kreisrunde Einfluglöcher bevorzugen.

Neben den Vögeln, die ein rundes Einflugloch mögen, existieren aber auch etliche Arten, die ganz andere Vorstellungen von ihrem Eigenheim haben. So sollte beispielsweise der Nistkasten für den Hausrotschwanz entweder einen breiten Einflugschlitz haben, der sich über die gesamte Vorderfront des Kastens erstreckt, oder zwei dicht nebeneinander befindliche, ovale Einfluglöcher aufweisen, deren Abmessungen etwa 32 x 50 mm betragen. Dieser zweilochige Nistkastentyp wird auch oft von weiteren Halbhöhlenbrütern, wie etwa dem Gartenrotschwanz, der Bachstelze und gelegentlich dem Rotkehlchen, angenommen. Der Gartenrotschwanz mag darüber hinaus auch Nistkästen, die nur ein einzelnes ovales Einflugloch besitzen.

Die bezüglich ihrer Brutstätten nicht übermäßig wählerischen Haus- und Feldsperlinge besetzen gern mehrere miteinander verbundene Zweilochnistkästen, weil diese Vögel mit Vorliebe in der unmittelbaren Nachbarschaft von Artgenossen brüten.

Eisvogelniströhre

Nistkasten für kleine Greifvögel, wie etwa Turmfalken

So können zwei in einer Steilwand verankerte Eisvogelniströhren aussehen.

Auch der Gartenbaumläufer gehört zu den Arten, die sehr spezifische Ansprüche an ihre Nistkästen stellen, denn für ihn müssen die Kästen mindestens einen an der Rückseite befindlichen Einflugschlitz aufweisen.

Für Schwalben bietet der Fachhandel halbrunde Nistschalen aus Holzbeton an, wodurch diesen Vögeln die Arbeit des Nestbaus weitgehend abgenommen wird.

Ebenso kann man in vielen Gartenfachmärkten oder in Zoogeschäften beispielsweise auch Nistgelegenheiten für den Zaunkönig erwerben. Dabei handelt es sich um kugelförmige Nistkästen, die ein rundes, leicht überdachtes Einflugloch aufweisen.

Vor Nesträubern geschützt

Im Unterschied zu den klassischen Holznistkästen bieten Modelle aus Holzbeton den Vorteil, dass sie einerseits nicht so schnell verwittern und andererseits besser vor Nesträubern schützen. So sind weder Eichhörnchen in der Lage, diese Modelle aufzunagen, noch können sie von Spechten aufgemeißelt werden. Außerdem gibt es inzwischen schon Nistkästen mit einem vorgezogenen Einflugloch, wodurch verhindert wird, dass Marder mit ihren Pfoten das Gelege beziehungsweise die Nestlinge herausholen können. Des Weiteren ermöglicht ein vorgezogenes Einflugloch, dass die Altvögel von dort aus füttern können und bei feuchter Witterung nicht mit ihrem nassen Gefieder die Jungen benetzen.

Falls man Nistkästen besitzt, die keine vorgezogenen Einfluglöcher aufweisen, kann man die Bäume, in denen diese aufgehängt werden, mit einem metallenen Strahlenkranz ummanteln, welcher sowohl der Ab-

Mardersicherer Meisenkasten mit vorgezogenem Einflugloch

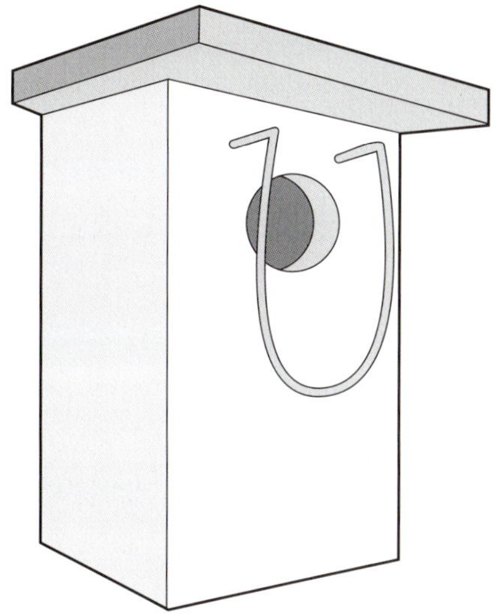

Nistkasten mit Drahtschleife zur Marderabwehr

wehr von Mardern als auch von Katzen dient. Eine andere Variante zur Abwehr von Mardern besteht darin, in 3 cm Entfernung eine aus 3–4 mm starkem Eisendraht u-förmig gebogene Drahtschleife vor dem Einflugloch anzubringen.

Reinigung und Wartung

Alljährlich sollte zwischen Oktober und November eine Wartung der Nistkästen erfolgen, wobei man diese sowohl auf ihren Gesamtzustand als auch auf die Funktionstüchtigkeit der Aufhängungen kontrolliert und gleichzeitig eine Reinigung vornimmt. Dabei hat es sich als günstig erwiesen, nicht nur das alte Nistmaterial zu entfernen, sondern den Kasten auch mit heißem Wasser auszuwaschen. Durch diese Maßnahme verhindert man weitgehend, dass Milben und Krankheitserreger den Winter im Nistkasten überdauern und im folgenden Jahr die Vögel schädigen können.

Den Nistkasten bitte jedes Jahr im Spätherbst gründlich auswaschen.

Bauanleitung für einen Meisenkasten

All denjenigen, die sich nicht so recht mit Holzbetonkästen anfreunden können und stattdessen selbst klassische Holznistkästen bauen möchten, sei die folgende Grundbauanleitung für einen Meisenkasten empfohlen.

Besonders gut eignen sich abgehobelte Bretter mit einer Brettstärke von 20 mm aus Douglasienholz, dass im Vergleich mit zahlreichen anderen Hölzern eine bessere Witterungsbeständigkeit hat.

Zunächst bohrt man in die Bodenplatte 4–5 Löcher, aus denen später die Feuchtigkeit immer gut aus dem Kasten entweichen kann. Anschließend befestigt man mit Holzschrauben die Seiten- sowie die Rückwand

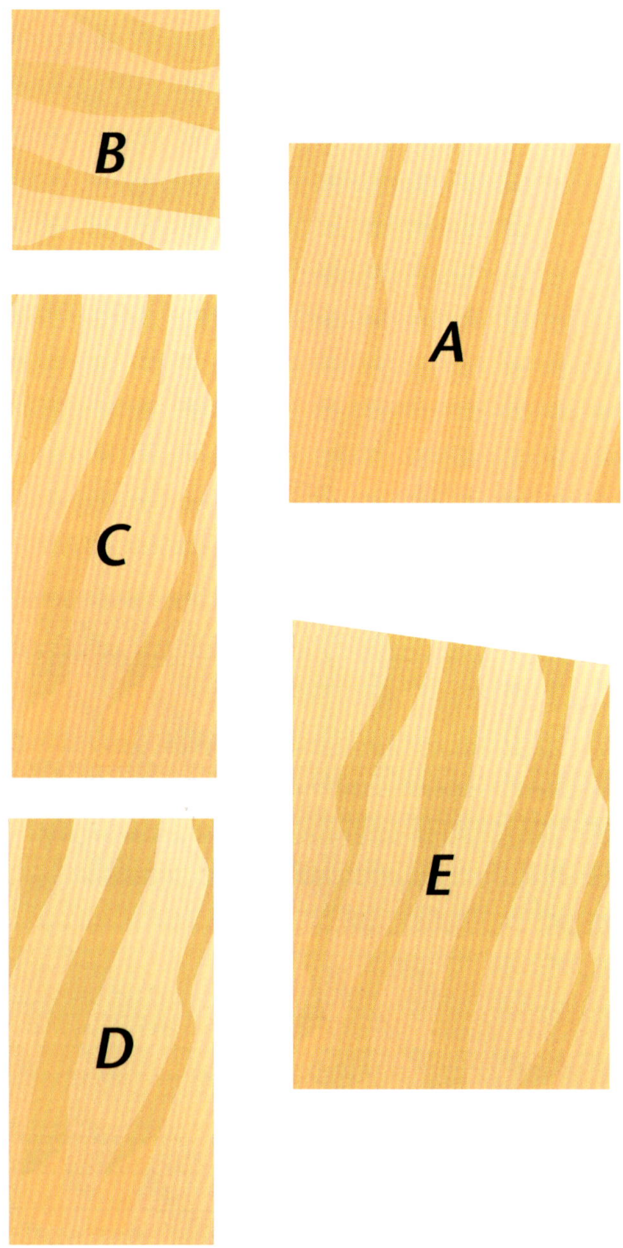

Fünf verschiedene Teile werden für den Nistkasten benötigt. Die Seitenwand (E) muss zweimal zugeschnitten werden.

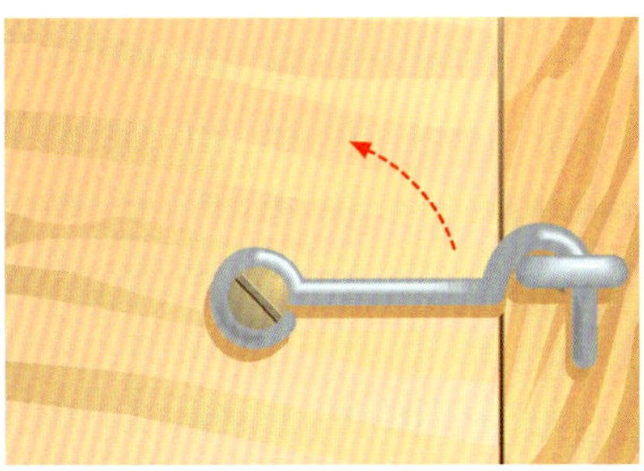

Mit einem Haken sichert man die Vorderwand.

Materialliste für einen Meisenkasten

Für den Meisenkasten benötigt man:

1 Brett für die Bodenplatte	120 x 140 mm
1 Brett für die Vorderfront	120 x 250 mm
1 Brett für die Rückwand	120 x 270 mm
2 Bretter für die Seitenwände (steigen nach hinten leicht an)	270 x 180 mm
1 Brett für das Dach	180 x 220 mm
Haken, Scharnier, Schrauben, Leim	

Auch dieser betagte Nistkasten verrichtet durchaus noch seinen Dienst.

an der Bodenplatte. Zur besseren Stabilisierung werden die Seitenwände noch zusätzlich mit der Rückwand verbunden. In die Vorderfront wird mittig, etwa 4 cm unter der Oberkante, das Einflugloch (26–28 mm für Kleinmeisen oder 32–34 mm für Kohlmeisen und andere Höhlenbrüter) gebohrt.

Danach verbindet man die Bodenplatte durch ein Scharnier mit der Vorderfront, sodass sich Letztere später problemlos zu Reinigungszwecken öffnen lässt. Um zu vermeiden, dass die Vorderfront künftig nach vorn herausklappt, bringt man zusätzlich zwei kleine Ösen an und versieht die Seitenwände mit den zugehörigen Haken.

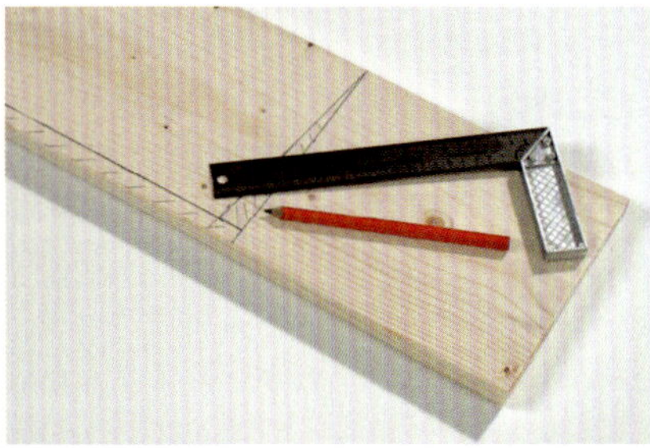

Die benötigten Einzelteile mithilfe eines Winkels anzeichnen.

Mit einer elektrischen Stichsäge exakt aussägen.

Unregelmäßigkeiten der Sägekanten mit Schleifpapier und einem Stück Latte als Schleifklotz glätten.

Der Nistkastenboden (B) erhält 4–5 Bohrungen, damit Feuchtigkeit abziehen kann.

Mit einer Lochsäge das Flugloch in die Vorderfront schneiden.

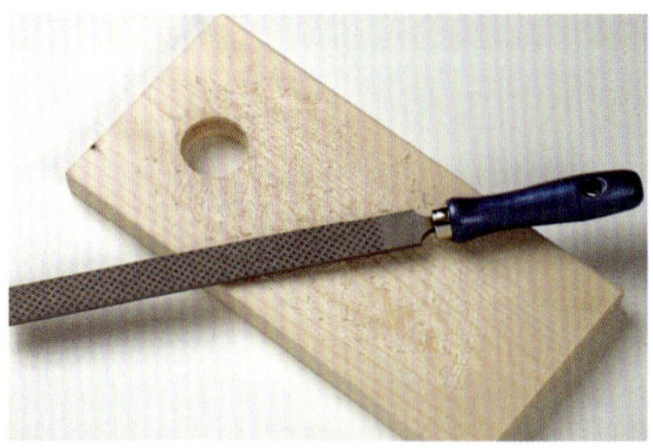

Werden gehobelte Bretter verwendet, muss die Innenseite der Vorderwand mit einer Raspel angeraut werden.

Obere Vorderkante der Vorderfront abrunden, damit man sie später hochklappen kann.

Wasserfester Leim gibt den zu verbindenden Teilen zusätzlichen Halt.

Alle Teile nun miteinander verschrauben oder vernageln.

Die bewegliche Vorderfront mit einem Haken fixieren.

Der fertige Meisenkasten ist bereit für die Brutsaison.

Schutz vor Nesträubern

Zum Schutz vor Katzen und Mardern kann das Einflugloch mit einem Vorbau versehen werden. Zu diesem Zweck genügt ein 3–4 cm starkes Vierkantholz aus Eiche oder Buche, welches eine Bohrung besitzt, die etwa 2–3 mm größer ist als das eigentliche Einflugloch.

Schutz des Nistkastens

Falls man den Nistkasten in einem Gebiet mit einem großen Spechtbestand aufhängen möchte, ist es außerdem ratsam, die Vorderfront mit einem 1–2 mm starken, möglichst nicht mehr intensiv metallisch glänzenden Blech zu verblenden. Die erforderliche Bohrung in diesem Blech sollte ebenfalls 2–3 mm größer sein als das Einflugloch.

Auf ein Anstreichen des Nistkasteninnenraums mit synthetisch hergestellten Lacken oder Beizen sollte man unbedingt verzichten, da der oft zurückbleibende Farbgeruch viele Vogelarten davon abhält, diese Brutstätte auch tatsächlich zu beziehen.

Nisthilfen für Freibrüter

Neben dem Anbringen von Nistkästen besteht auch die Möglichkeit, den sogenannten Freibrütern, zu denen beispielsweise Finken und Heckenbraunellen gehören, Nisthilfen anzubieten.

Derartige Nisthilfen müssen so beschaffen sein, dass die Vögel darin einerseits ein stabiles Nest errichten können und ihnen andererseits ein guter Sichtschutz gewährleistet wird.

Nistquirl

Eine Nisthilfe für Freibrüter ist der Nistquirl. Zu diesem Zweck werden im April die bereits belaubten Zweige von Sträuchern, beispielsweise von Schneebeere, Flieder und Pfeifenstrauch, 1–2 m über dem Erdboden mit Bindfaden oder Draht locker zusammengebunden, wodurch im

Für einen Nistquirl werden Zweige trichterartig zusammengenommen.

Anschließend werden die Zweige mit Bindfaden oder Draht fixiert.

Ein aus Nadelreisig bestehender Nistbusch wird zur Befestigung an einen Baumstamm gehalten.

Mit Draht oder Bindfaden wird der Nistbusch am Baumstamm befestigt.

Zentrum ein Trichter entsteht. Das Zusammenbinden muss so erfolgen, dass die Saftzirkulation in den Zweigen nicht unterbrochen wird, da sonst das Laub abstirbt. Und in einem „nackten Strauch" will sicherlich kein Vogel brüten.

Damit sich die Zweige wieder etwas erholen können, sollte man im Spätsommer den Nistquirl lösen und gegebenenfalls im nächsten Frühjahr neu binden.

Nistbusch

Eine weitere Nisthilfe ist der Nistbusch. Hierzu benötigt man etwa 50–70 cm lange Koniferenzweige, die vorzugsweise von Kiefern stammen und als dichter Strauß mithilfe von Draht oder stabilen Bindfaden in 1,5–1,8 m Höhe an einen Baumstamm gebunden werden. Beim Anbringen ist unbedingt darauf zu achten, dass zwischen Nistbusch und Stamm eine handtellergroße Mulde entsteht, in der die Vögel ihr Nest errichten können.

Nisttasche

Eine ähnliche Konstruktion wie der Nistbusch ist die Nisttasche. Letztere kann man am besten aus jungen, geschmeidigen Weiden- oder Haselzweigen bauen, welche 100–120 cm lang sind. Diese bindet man mit ihren oberen Enden in einer Höhe von 100–120 cm an einem Baumstamm

Für eine Nisttasche werden zuerst junge Zweige – nach unten gerichtet – an einem Baum festgebunden.

Anschließend zieht man die unteren Zweigenden hoch, …

fest. Anschließend biegt man die unteren Zweigenden ebenfalls bis zu dieser Höhe empor, wobei darauf zu achten ist, dass ein röhrenähnlicher Hohlraum für die spätere Nestaufnahme entsteht. Nachdem man die hochgebogenen Zweige festgebunden hat, flicht man reichlich Kiefernzweige hinein, damit die Vögel während ihrer gesamten Brutphase ausreichend Deckung haben und sich sicher fühlen. Damit sich schnell „Interessenten" für die Nistbüsche und -taschen finden, sollte man diese möglichst nicht an der Wetterseite eines Baumstamms anbringen.

Reisighaufen

Amseln, Zaunkönige, Singdrosseln und Buchfinken errichten im zeitigen Frühjahr ihre Nester auch gelegentlich in großen Reisighaufen, die nach dem winterlichen Ausschneiden der Obstgehölze aufgeschichtet wurden. Deshalb kann man derartige Reisighaufen auch ganzjährig liegen lassen. Falls das nicht möglich ist, sollte man sich vor dem Entfernen davon überzeugen, dass nicht inzwischen eine Vogelart darin brütet. In diesem Fall ist sicherlich jeder Gartenfreund gern bereit, 4–5 Wochen zu warten, bis die Jungen das Nest verlassen haben. Ganz nebenbei stellen Reisighaufen nicht nur potenzielle Brutplätze für einige Vogelarten dar, sondern zusätzlich auch Verstecke und Zufluchtsorte. Trotz des eher dichten Zweiggewirrs können sich kleine Vögel immer noch sehr schnell und geschickt darin bewegen. Das ist ein deutlicher Vorteil gegenüber Katzen, Mardern, Füchsen und größeren Vögeln, wie etwa Krähen und Eichelhähern, die entweder gar nicht in das Reisigdickicht eindringen beziehungsweise sich darin nur sehr schwerfällig bewegen können.

… bindet sie fest …

… und flicht einige Koniferenzweige ein.

Aufgrund ihrer Größe können Eichelhäher kleinen Vögeln nicht ins Reisigdickicht folgen.

Kompromisse zwischen Mensch und Tier

Gartenbesitzer im Allgemeinen und Vogelfreunde im Speziellen haben sich fast immer den Schutz und die Erhaltung der Natur auf ihre Fahnen geschrieben. Aber so mancher Gartenfreund kommt trotzdem in erhebliche Gewissenskonflikte, wenn plötzlich Schwalben eine vielleicht kurz zuvor gestrichene Hauswand ausgewählt haben, um ihr Nest daran zu kleben.

Die Not mit dem Kot

Dabei stellen die Nester zumeist nicht das eigentliche Problem dar, wohl aber später der von den Jungen reichlich abgesetzte Kot, von dem oft ein großer Teil an der betreffenden Wand landet. Aber diese Konfliktsituation zwischen Schwalben und Menschen lässt sich bereits mit relativ wenigen Handgriffen aus der Welt schaffen, indem man unter den Schwalbennestern waagerecht ein 25 cm breites Brett anbringt, das den Schwalbenkot auffängt.

Schwalbe bei der Fütterung am Nest

Ein unter einem Schwalbennest angebrachtes Brett fängt den Kot ab.

Ein ähnliches Problem besteht, wenn Amseln im Sommer von den im Garten wachsenden Blau- oder Brombeeren naschen und anschließend ihr „Geschäft" so verrichten, dass es an der Haus- oder Laubenwand klebt. Vor allem an hellen Wänden sticht dieses schwärzlich aussehende „Malheur" sofort ins Auge und findet alles andere als die Zustimmung des Gartenfreunds. Erschwerend kommt hinzu, dass es trotz der Zuhilfenahme von Wasser und Seifenlauge oft große Mühe bereitet, die durch den Kot hervorgerufene Verfärbung der Hauswand vollständig zu beseitigen.

Fliesen-Riemchen

In diesem Zusammenhang kann man all denjenigen, die ihre Hauswände in Kürze streichen wollen, nur anraten, einmal über eine Verblendung des Gebäudes mit glasierten Wandriemchen nachzudenken. Zugegeben, die Variante ist im ersten Moment deutlich kostenintensiver als das Streichen eines Gebäudes. Andererseits wird ein nochmaliges Streichen nach einer Verblendung mit Riemchen nie wieder erforderlich sein. Der abgesetzte Kot von Amseln oder anderen Vögeln erweist sich dann auch nicht mehr als Problem, denn es genügt bereits, einmal einen scharfen Strahl aus dem Gartenschlauch auf die verunreinigte Fläche zu halten. Dabei wird der gesamte Kot schnell und vor allem ohne Rückstände abgewaschen.

Auch mal ein Auge zudrücken

Allein aufgrund der Tatsache, dass die natürlichen Bestände des Haussperlings in den letzten Jahrzehnten eine extrem rückläufige Tendenz aufweisen, sollte man immer ein Auge zudrücken, wenn sich diese „kleinen Strolche" den Hohlraum unter einem Dachziegel der Gartenlaube oder eine Mauernische als Brutstätte gewählt haben. Auch hier kann man gegebenenfalls ein kleines Brett anbringen, damit die darunter befindliche Wand nicht durch Kot verschmutzt wird.

Von einer mit Fliesen-Riemchen verblendeten Hauswand lässt sich Vogelkot völlig problemlos entfernen.

Nahrung und Fütterung

Nähr- und Ergänzungsstoffe

Der gedeckte Tisch der Natur

Die Natur kennt weder Nützlinge noch Schädlinge

Vogelfütterung – ganzjährig oder nur im Winter?

Nähr- und Ergänzungsstoffe

Zahlreiche Vogelarten Europas finden in unseren Gärten nicht nur geeignete Nistmöglichkeiten, sondern oftmals auch einen „reich gedeckten Tisch" vor, der sowohl für die Altvögel als auch für die Jungen jede Menge geeigneter Nahrungskomponenten bietet.

Steter Nahrungsbedarf

Ein altes Sprichwort besagt: „Essen und Trinken hält Leib und Seele zusammen." Das ist nicht nur bei uns Menschen, sondern im übertragenen Sinne auch bei den Vögeln so. Auch sie müssen kontinuierlich Nahrung und Wasser aufnehmen, um ihre physiologischen Körperfunktionen aufrechtzuerhalten und auf dieser Grundlage verschiedene Leistungen zu ermöglichen. Nestlinge und Jungvögel investieren außerdem einen nicht unerheblichen Teil der aufgenommenen Nahrung in ihr Wachstum, also in die Vergrößerung und den Neuaufbau von Körperzellen.

Ein Gimpel an einer Futterstation

Der Buchfink frisst vor allem Samen und Beeren.

Auf den ersten Blick scheint es so, als würde sich die Nahrung eines Buchfinken, der vor allem Kleingetier, Beeren und Sämereien frisst, ganz deutlich von der eines Mäusebussards unterscheiden, welcher vorwiegend kleine Wirbeltiere sowie große Insekten erbeutet und auch Aas nicht verschmäht. Werden jedoch die verschiedenen Nahrungskomponenten in ihre Einzelbestandteile zerlegt, stellt man schnell fest, dass sich alle aus zwei großen Gruppen, nämlich den Nährstoffen und den Ergänzungsstoffen zusammensetzen. Der wesentlichste Unterschied zwischen den einzelnen Nahrungskomponenten besteht darin, dass sowohl die Nähr- als auch Ergänzungsstoffe in verschiedenen prozentualen Verteilungen enthalten sind.

Der Mäusebussard ernährt sich ausschließlich von tierischen Nahrungskomponenten.

Zusammensetzung der Nahrungskomponenten

Nährstoffe

- Proteine
- Kohlenhydrate
- Fette

Ergänzungsstoffe

- Vitamine
- Mineralstoffe
- Hormone

Proteine

Die wichtigsten Nährstoffe, ohne die kein Leben möglich ist, sind die Proteine, die umgangssprachlich auch als Eiweiße bezeichnet werden. Es handelt sich dabei um chemische Verbindungen, die aus insgesamt bis zu 22 verschiedenen Aminosäuren aufgebaut sind.

Proteine fungieren in den Körpern als „Bausteine" der Zellen, die sich wiederum zu Muskeln und Organen formieren. In Form von Keratinstrukturen sind die Proteine auch in den Schnäbeln, der Haut, den Federn und als Kollagene in den Knochen enthalten. Als Transportproteine sorgen sie dafür, dass das Blut überhaupt erst Sauerstoff aufnehmen kann, welcher anschließend zu den einzelnen Organen gelangt. Nicht minder wichtig ist die Funktion zahlreicher Proteine, die als Antikörper die körpereigene Abwehrkraft gegen Infektionskrankheiten steigern. Des Weiteren nutzt der Körper Proteine im Hungerzustand sogar als Energielieferanten. Letztlich bestehen auch die Gene zu einem Großteil aus Proteinen, weshalb ohne sie gar keine Vererbung möglich wäre.

Weil Proteine tierischen Ursprungs nicht nur für Vögel, sondern auch für die meisten anderen Wirbeltiere besser verdaulich sind, werden sie im Vergleich zu pflanzlichen als höherwertig angesehen.

Proteinreiche Nahrung ist insbesondere für Jungvögel wichtig. Hier eine Rauchschwalbe bei der Fütterung eines bereits flüggen Jungtiers.

Aber auch viele Altvögel – wie dieser Eisvogel – mögen sehr proteinreiche Nahrung.

Kohlenhydrate

Kohlenhydrate sind einfache oder zusammengesetzte zucker- oder stärkehaltige Substanzen. Sie dienen vor allem als sehr schnell wirkende Energielieferanten. Im Unterschied zu der beispielsweise in Getreidekörnern enthaltenen Stärke, die im Verdauungstrakt der Vögel sehr gut verwertet wird, hat sich Zellulose, die unter anderem in großen Mengen in Holz enthalten ist, als unverdaulich erwiesen. Kohlenhydrate, die der Körper nicht zu einer sofortigen Energiegewinnung nutzt, werden oftmals chemisch zu Fetten umgebaut, anschließend unter der Haut, in der Muskulatur oder in den Organen abgelagert, von wo sie zum Teil während der winterlichen Hungerzeiten reaktiviert werden.

Fette

Landläufig werden Fette, bei denen es sich um äußerst energiereiche Ester des Glycerins handelt, häufig nur als Dickmacher abgestempelt.

Allerdings ist das nur die halbe Wahrheit, denn Fette machen eben nicht nur dick, sondern einige ihrer Bestandteile, die man auch als essenzielle Fettsäuren bezeichnet, sind für viele Zellfunktionen sowie die Synthese verschiedener Hormone unentbehrlich. Außerdem fungieren Fette als Trägersubstanzen für die Vitamine A, D, E und K.

Eine Wacholderdrossel während des Winters auf einer Eberesche. Beeren und Obst enthalten sehr viele Kohlenhydrate und Vitamine.

Der Vitamin-B-Komplex sorgt dafür, dass das Gefieder glänzt und gut „liegt".

Vitamine

Bei den Vitaminen handelt es sich um chemische Verbindungen, die keine Energieträger sind, sondern vom Organismus vor allem zur Aufrechterhaltung zahlreicher Lebensfunktionen benötigt werden. Weil Vögel die meisten Vitamine im Rahmen ihres körpereigenen Stoffwechsels nicht synthetisieren können, müssen diese mit der Nahrung entweder komplett oder zumindest als Vitaminvorstufen (die man auch als Provitamine bezeichnet) aufgenommen werden.

Neben den bereits erwähnten Fetten fungiert auch das Wasser als Trägersubstanz für diese Verbindungen – und zwar ganz konkret für Vitamin C, H, Niacin, Folsäure sowie alle Substanzen des Vitamin-B-Komplexes. Bei einem Mangel an Vitaminen werden die Vögel anfälliger gegenüber Krankheiten und Stress. Beispielsweise wirkt sich ein Vitamin-B-Mangel oft in der Weise aus, dass die Festigkeit der Federn nachlässt und die betroffenen Vögel etwa zerzaust aussehen.

Mineralstoffe

Genau wie bei den Vitaminen handelt es sich auch bei den Mineralstoffen um keine Energieträger, sondern um Stoffe, die ebenfalls für die Funktionstüchtigkeit zahlreicher Körperfunktionen unerlässlich sind.

Ein echtes „Multitalent" unter den Mineralstoffen ist das Kalzium. Es sorgt nicht nur für ein normales Wachstum und eine gute Ausbildung der Knochen, sondern ist gleichzeitig auch für die volle Funktionstüchtigkeit von Muskeln und Nerven enorm wichtig.

Die Bedeutung des Phosphors für den tierischen Körper kann in etwa mit der des Kalziums gleichgesetzt werden. So ist Phosphor nicht nur mitverantwortlich für den Knochenaufbau, sondern hat sich darüber hinaus auch für die Eiweißsynthese und den Energiestoffwechsel als unentbehrlich erwiesen.

Von den Spurenelementen müssen die Vögel vor allem immer genügend Eisen mit der Nahrung aufnehmen, weil dieses ein obligatorischer Bestandteil der roten Blutkörperchen ist.

Kalzium sorgt für kräftige Knochen, Muskeln und gut funktionierende Nerven. Diese Eigenschaften sind insbesondere beim Beutefang wichtig. Hier ein Sperber mit einem geschlagenen Eisvogel.

Bluthänflinge bei der Paarung. Hormone steuern die Balz und das Brutgeschäft.

Mengen- und Spurenelemente

In Abhängigkeit davon, in welchen Konzentrationen die jeweiligen Mineralstoffe im Körper vorkommen, werden sie in Mengen- und Spurenelemente beziehungsweise Makro- und Mikroelemente unterteilt. Die Mengenelemente liegen dabei stets in Anteilen von 50 oder mehr Milligramm pro Kilogramm Körpermasse vor. Zu den Mengenelementen gehören, Kalzium, Kalium, Natrium, Magnesium, Phosphor, Chlor und Schwefel. Wichtige Spurenelemente sind Eisen, Jod, Kupfer, Zink, Mangan, Bor und Molybdän.

Hormone

Hormone sind vor allem als biochemische Botensubstanzen tätig. Sie werden von besonderen Zellen gebildet und abgegeben, um anschließend ganz spezielle Regulationsfunktionen in verschiedenen Organen zu verrichten. So wird beispielsweise das gesamte Balz- und Brutverhalten vorwiegend hormonell gesteuert.

Der gedeckte Tisch der Natur

Im übertragenen Sinne stellt die Natur einen „Tisch" dar, der in Abhängigkeit von der jeweiligen Jahreszeit und verschiedenen Umwelteinflüssen manchmal sehr üppig, aber mitunter auch recht spärlich gedeckt ist.

Von diesem Tisch bedienen sich die Vögel, wobei es für fast alle darauf befindlichen Nahrungskomponenten mindestens einen, oft jedoch mehrere Interessenten gibt. In Bezug auf die Komponenten, von denen sich die Vögel ernähren, kann man sie ganz grob in folgende drei Kategorien unterteilen: herbivore, carnivore und omnivore Arten.

Herbivor und carnivor

Bei den herbivoren Arten handelt es sich um Vögel, die ausschließlich nur pflanzliche Nahrung zu sich nehmen,

Bei der Türkentaube handelt es sich um eine rein herbivore Art. Sie frisst vor allem Samen, Körner, Beeren und Früchte.

Der Wanderfalke ernährt sich ausschließlich carnivor.

Dohlen (unten) sind omnivor, verkörpern also den Allesfressertyp.

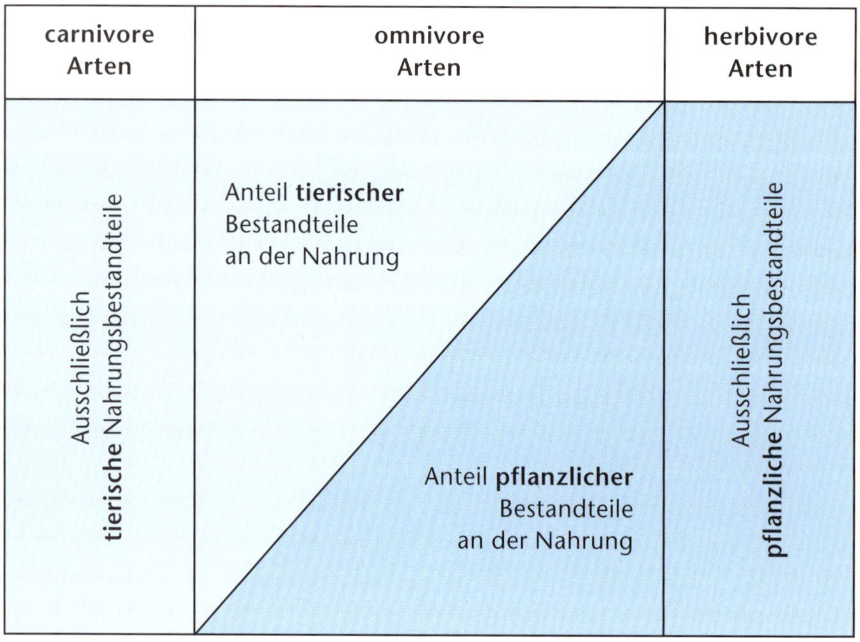

Schematische Darstellung der Nahrungsanteile, die die drei Kategorien von Vögeln aufnehmen.

wie etwa Hohl- und Haustauben. Als genaues Gegenteil präsentieren sich die carnivoren Arten, wie etwa Greifvögel und Eulen, von denen einige nicht nur lebende tierische Beute jagen, sondern auch Aas fressen.

Omnivore Arten

Bei den omnivoren Arten, die zugleich den Großteil aller Vögel repräsentieren, handelt es sich um Allesfresser. Allerdings existieren bei den Allesfressern zahlreiche Abstufungen. Während sich manche Arten, stellvertretend sei der Pirol genannt, vorwiegend von tierischen Komponenten ernähren und pflanzliche nur zur Ergänzung aufnehmen, sieht es bei anderen, wie etwa dem Haussperling, fast genau umgekehrt aus. So überwiegt – über das gesamte Jahr hinweg betrachtet – beim Haussperling deutlich der Anteil an pflanzlichen Nahrungsbestandteilen.

Tierische Nahrungsbestandteile

Zu den wohl wichtigsten Nahrungsbestandteilen vieler Gartenvögel gehören die Insekten, die auch als Kerbtiere oder als Kerfe bezeichnet werden. In dieser äußerst artenreichen Tierklasse sind unter anderem alle Mücken, Fliegen, Schmetterlinge, Käfer, Libellen, Wanzen, Grillen, Schaben, Ameisen sowie Pflanzenläuse, deren bekannteste Vertreter die Blatt-, Schild- und Mottenschildläuse sind, versammelt. Spinnentiere, zu denen beispielsweise die Weberknechte, Webspinnen sowie Milben gehören, werden ebenfalls von vielen Vogelarten gern als Nahrung aufgenommen.

Zu den sehr beliebten Futterkomponenten gehören auch Würmer und die meisten Nackt- und Gehäuseschnecken. Sehr zum Leidwesen der Gartenfreunde wird dabei allerdings die Spanische Wegschnecke *(Arion vulgaris)*, die durch ihre Fraßaktivitäten in Gemüse- und Blumenbeeten oft große Schäden verursacht, von vielen Vogelarten verschmäht.

Unter den Würmern stehen vor allem Regenwürmer bei fast allen omni- und carnivoren Vögeln hoch im Kurs. In Mitteleuropa kommen knapp 40 Regenwurmarten vor, von denen der auch als Tauwurm bezeichnete Ge-

Der Frostspanner, hier ein Weibchen, gehört zu den unliebsamen Schmetterlingen, die an Bäumen oft große Schäden verursachen. Zum Glück gibt es zahlreiche Vögel, die ihm nachstellen.

Spinnen, hier eine Huschspinne, machen bei vielen Vögeln einen Großteil der Nahrung aus.

Die Maulwurfsgrille ist ein gern gefressenes Schadinsekt.

Eine klassische Vogelnahrung: Blattläuse

meine Regenwurm *(Lumbricus terrestris)* und der Kompostwurm *(Eisenia foetida)* am bekanntesten sind.

Zur Nahrungspalette größerer Vögel gehören oft kleine Wirbeltiere, wie etwa Mäuse, Reptilien, Lurche sowie auch andere Vögel und deren Gelege.

Fische, wie dieses Moderlieschen, gehören unter anderem zum Beutespektrum von Eisvögeln und Wasseramseln.

Der Irrtum mit den Spinnen

Noch immer sind viele Menschen der Meinung, dass es sich bei den Spinnentieren um Vertreter aus der Klasse der Insekten handelt. Doch weit gefehlt: Die Spinnentiere repräsentieren eine eigenständige, sehr artenreiche Klasse des Tierreichs, deren Vertreter weltweit verbreitet sind. Der auffälligste Unterschied zwischen Spinnentieren und Insekten besteht darin, dass die Erstgenannten immer vier Beinpaare aufweisen, während die Insekten stets nur drei besitzen.

Neben tierischen Komponenten, wie etwa Regenwürmer und Nacktschnecken, fressen Stare auch gern Beeren und Obst.

Gartenschnecken sind bei vielen Vögeln sehr beliebt – ganz im Gegensatz zur Spanischen Wegschnecke.

Aas als tierische Nahrungskomponente

Im weiteren Sinne ist auch Aas als eine tierische Nahrungskomponente anzusehen, die vor allem Raben- und Greifvögeln gelegentlich als Futter dient. Damit sind diese Vögel als eine Art „Gesundheitspolizei" tätig, indem sie oft verhindern, dass Tierkadaver zur Brutstätte von Krankheitserregern werden, die Seuchen auslösen könnten.

Spezialisten, wie etwa Eisvögel und Wasseramseln, erbeuten auch häufig kleinere Fische und die zu den Krebstieren gehörenden Bachflohkrebse.

Pflanzliche Nahrungsbestandteile

Als wichtigste pflanzliche Nahrungskomponenten haben sich zweifelsfrei Körner und Samen erwiesen. Diese stammen von unterschiedlichsten Pflanzen, wie etwa Gehölzen, Gräsern und Kräutern, und variieren deshalb oftmals in ihrer Größe sowie im Eiweiß- und Fettgehalt.

Viele Vogelarten, beispielsweise Sperlinge und Finken, fressen sich gern an reifem Getreide und Ölsaatenkörnern, wie etwa von Sonnenblumen, satt. So kann man während des Spätsommers teilweise recht große Schwärme dieser Vögel beobachten, die plündernd von einem Getreide-

Die Beeren der Eberesche, die auch als Vogelbeerbaum bezeichnet wird, stellen für viele Vögel eine sehr begehrte Nahrung dar.

Auf diesem Sonnenblumenfeld reift viel potenzielles Vogelfutter heran.

Die Früchte des Sanddorns sind äußerst reich an Vitamin C.

beziehungsweise Ölsaatenfeld zum nächsten fliegen. Da heutzutage sowohl das voll ausgereifte Getreide als auch die Ölsaaten relativ schnell geerntet werden, halten sich die durch Vögel verursachten Verluste in erträglichen Grenzen.

Einer großen Beliebtheit erfreuen sich im Sommer sowohl frische reife Beeren als auch Früchte. Gern werden diese aber auch noch im Herbst und Winter im halb oder völlig getrockneten Zustand gefressen und dienen in dieser Zeit als bedeutende Vitaminquellen.

Im Frühling nehmen nicht wenige Sing- und Hühnervögel zarte Knospen auf, die neben zahlreichen wertvollen Vitaminen auch noch wichtige Mengen- und Spurenelemente enthalten. Des Weiteren sind bei manchen Vogelarten, stellvertretend seien nur Lerchen, Meisen und Ammern

Der Grünfink gehört …

… genau wie der Haussperling zu jenen Vögeln, die sich im Winter gern am Futterhäuschen einstellen, aber im Sommer hin und wieder auch Getreidefelder plündern.

genannt, Nektar und Blütenpollen sehr beliebt. Außerdem lecken manche Vögel, allen voran die Spechte, gern die aus verletzten Stämmen austretenden Baumsäfte auf.

Geflügelte Müllmänner

Ortschaften sind bevorzugte Ansiedlungen für einige Vogelarten, deren Nahrung mitunter zu einem großen Teil aus Abfällen menschlicher Siedlungen besteht. So sind beispielsweise Schulhöfe beliebte Anflugsziele von Rabenvögeln, Sperlingen und Meisen, weil sie in den dort aufgestellten Papierkörben häufig Reste von Pausenbroten finden.

Saatkrähen fressen unter anderem auch Abfälle in menschlichen Siedlungen.

Die Natur kennt weder Nützlinge noch Schädlinge

Oftmals werden sowohl Pflanzen als auch Tiere und somit auch die Vögel in Schädlinge und Nützlinge unterteilt. Unter dem Begriff „Nützlinge“ vereint man im Allgemeinen solche Arten, von denen wir Menschen mehr Vor- als Nachteile haben.

Die Elster wird von vielen Menschen in die Kategorie der Schädlinge eingestuft.

Als ausgesprochene Nützlinge sehen wir beispielsweise Blaumeisen und Hausrotschwänze an, die während der warmen Jahreszeit – bezogen auf ihr eigenes Körpergewicht – Unmengen von Insekten vertilgen. Dagegen werden Elstern aufgrund ihrer bevorzugten Nahrung, zu der unter anderem Eier, nestjunge Vögel, Hühnerküken, kleine Eidechsen, Frösche, Kröten und Obst gehören, eher in die Kategorie der Schädlinge eingeordnet.

Das biologische Gleichgewicht

Diese Abgrenzung in Nützlinge und Schädlinge basiert jedoch nur auf rein menschlichen Bewertungen und stellt keine natürliche Einteilung dar.

Dagegen werden Blaumeisen und andere Insektenvertilger als ausgesprochene Nützlinge angesehen.

Hausrotschwänzchen stürzen sich förmlich auf jedes Insekt. Komposter und Komposthaufen voller Insekten bieten ihnen einen reich gedeckten Tisch.

Ganz im Gegenteil: Die Natur hat es ursprünglich so eingerichtet, dass jede Art in ihrem Lebensraum bestimmte Funktionen erfüllt und sich nur in einem Umfang vermehrt, in dem die Individuenzahlen über sehr lange Zeiträume – also mehrere 1000 bis 10 000 Jahre – weitgehend konstant bleiben.

Diese weitgehende Konstanz wird auch als biologisches Gleichgewicht bezeichnet, zu dessen Erhalt in der Natur eine ausreichende Anzahl an Fressfeinden, Krankheiten sowie das vorhandene Angebot an Nahrung sorgen. Außerdem verhindern oft geografische Barrieren, beispielsweise Ozeane oder Wüsten, dass die Lebewesen ihre typischen Lebensräume und damit die gut funktionierenden biologischen Kreisläufe verlassen konnten. Der Mensch hat jedoch in den vergangenen 10 000 Jahren immer massiver in den bestehenden Kreislauf der Natur eingegriffen und ihn nach seinen Vorstellungen verändert. So legte er beispielsweise Gärten und Felder an, in denen die Pflanzen plötzlich in einer Individuendichte vorhanden waren, wie es sie bisher in der Natur nicht gab. Aber wo viel Nahrung ist, stellen sich gewöhnlich auch sehr schnell zahlreiche hungrige Tiere ein.

Vermehrung der Schädlinge

So erweist sich beispielsweise die Konzentration an Kohlarten in Gemüsegärten als ein überreich „gedeckter Tisch" für den Großen Kohlweißling *(Pieris brassicae)* und den Kleinen Kohlweißling *(Pieris rapae)*, die ihre Eier an den Blättern dieser Pflanzen ablegen. Ähnlich sieht es auch in den Obstgärten aus, wo das Laub der relativ dicht stehenden Bäume Unmengen von Blattläusen nahezu optimale Möglichkeiten für eine explosionsartige Vermehrung bieten. Dabei schädigen die Blattläuse die Nutzpflanzen zuweilen so stark, dass durch Ertragsausfälle ein erheblicher ökonomischer Schaden für die Menschen entsteht.

Indem nun viele Gartenfreunde versuchen, günstige Vorraussetzungen für die Ansiedlung von sogenannten Nützlingen in ihren Gartenanlagen zu schaffen, versuchen sie eigentlich nichts weiter, als das mancherorts erheblich aus den Fugen geratene biologische Gleichgewicht wenigstens ansatzweise zu korrigieren.

Ein Komposter brütet ganz nebenbei auch eine Unmenge kleiner Insekten aus, die vielen Vögeln als Nahrung dienen.

Oft wird ein Komposter zum Schlaraffenland

Wenn ein Thermokomposter mit frischem Rasenschnitt befüllt wird, lassen sich manchmal schon nach wenigen Stunden, ansonsten aber nach 1–2 Tagen gern Hausrotschwänze darauf nieder – und das aus gutem Grund. An dem Rasenschnitt haften nämlich immer enorme Mengen winziger Insekteneier, aus denen sich aufgrund der im Komposter herrschenden Wärme sehr schnell Vollinsekten entwickeln. Sobald es diesen gelingt, durch eine Ritze des Komposters herauszufliegen, stellen sie eine willkommene, leicht zu fangende Beute für die Hausrotschwänze dar, bei denen es sich um sogenannte Wartejäger handelt. Im Normalfall harren Rotschwänze nämlich auf erhöhten Ansitzen aus, um sich auf vorbeifliegende Insekten zu stürzen. Am Komposter müssen sie dieses Verhalten dann nur noch ansatzweise praktizieren, weil ihnen die Nahrung – fast wie im Märchen vom Schlaraffenland – eben beinahe direkt in die Schnäbel fliegt.

Der Komposthaufen im Garten ist eine ideale Nahrungsquelle für viele Vögel.

Vogelfütterung – ganzjährig oder nur im Winter?

Ein immer wieder recht kontrovers diskutiertes Thema ist die Vogelfütterung. Während viele Vogel- und Gartenfreunde nur eine winterliche Fütterung favorisieren, vertreten andere die Meinung, dass eine ganzjährige Fütterungshilfe das Beste wäre.

Über den Sinn und Zweck der Vogelfütterung – hier eine Kohlmeise – wird viel diskutiert.

Das Für und Wider der Ganzjahresfütterung

Die Anhänger der ganzjährigen Fütterung führen als Begründung oftmals die stark rückläufigen Bestände an, die seit einigen Jahrzehnten bei zahlreichen Vogelarten zu verzeichnen sind. Allerdings ergibt sich dann die Frage, ob die negative Bestandsentwicklung durch eine ganzjährige Vogelfütterung tatsächlich gestoppt wird und möglicherweise zusätzlich auch das Problem birgt, dass die Vögel „bequem" werden. Denn sicherlich ist die Mehrzahl der Gartenfreunde sehr daran interessiert, dass die Vögel weiterhin intensiv zur Reduktion der tierischen Schädlinge beitragen, die sich immer wieder an ihren Nutzpflanzen und Blumen ansiedeln.

Wer zu den Anhängern der Ganzjahresfütterung gehört, sollte vor allem beachten, dass man während der Sommermonate viele Vögel nur mit echten Leckerbissen begeistern kann, zum Beispiel mit sehr feinkörnigen Sämereien und einem hohen Weichfutteranteil. Ein gutes, fast immer im Zoofachhandel erhältliches Weichfutter sind die Larven des Mehlkäfers *(Tenebrio molitor)*, die man landläufig

eine Stelle entsteht, die ständig die Gerüche von Küchenabfällen verströmt, weil dadurch leicht Ratten angelockt werden. Auf diese Besucher verzichtet sicherlich jeder Gartenbesitzer liebend gern, denn wenn sich die äußerst anpassungsfähigen Nager erst einmal dauerhaft eingenistet haben, bereitet ihre erfolgreiche Bekämpfung nicht nur viel Mühe, sondern ist in den meisten Fällen auch recht zeitaufwendig.

Die Winterfütterung von Gartenvögeln

Im Unterschied zu der noch relativ jungen Ganzjahresfütterung wird die Winterfütterung in Mitteleuropa bereits seit mehr als 100 Jahren von vielen Menschen praktiziert. Zu diesem Zweck erfolgt oft nicht nur eine Bestückung des Futterhäuschens mit Sonnenblumen-, Haselnuss- und Erd-

Meisenringe bestehen aus Körnern und Fett.

als Mehlwürmer bezeichnet. Wenn man diese allerdings regelmäßig in größeren Mengen kauft, kann sich die Ganzjahresfütterung schon recht deutlich im Geldbeutel bemerkbar machen.

Mancher Gartenfreund bietet den Vögeln in seinem Garten auch gelegentlich die Reste von seinem Mittagessen, wie etwa gekochte Kartoffeln, an. Allerdings sollte man dabei immer große Hygiene walten lassen, damit nicht an einem entlegenen Bereich des Gartens im Laufe der Zeit

Auch dieser Buntspecht ließ sich durch die dargebotenen Haselnüsse in den Garten locken.

Futterschale mit Sonnenblumenkernen, …

… die als Witterungsschutz mit Nadelreisig überdacht wurde.

nusskernen, Maiskörnern sowie Hanf- und Leinsamen, sondern darüber hinaus hängen auch viele Vogelfreunde sogenannte Meisenglocken, -ringe und -knödel in Gehölzen auf. Diese bestehen aus einer oder mehreren Samenarten, die entweder nur in ein Netz gegeben wurden oder noch zusätzlich von ungesalzenem Fett ummantelt sind.

Der richtige Zeitpunkt

Um die Winterfütterung besonders effektiv zu gestalten, sollte man erst dann reichlich Nahrung im Futterhäuschen deponieren beziehungsweise an den Sträuchern aufhängen, wenn eine geschlossene Schneedecke liegt oder eine dünne Eisschicht die Bäume und Sträucher überzieht. Bei sehr milder winterlicher Witterung erbeuten viele Vögel nämlich noch reichlich Kleingetier, das sich beispielsweise in den Borkenritzen und im Falllaub versteckt hat. Außerdem finden die Körner- und Früchtefresser unter den Vogelarten noch an zahlreichen Pflanzen ausgereifte Samenstände beziehungsweise halb getrocknete Beeren.

Um die Vögel jedoch allmählich an das Futterhäuschen zu gewöhnen, ist es ratsam, bereits im Herbst regelmäßig ein wenig Nahrung darin zu platzieren. Diese dient dann nicht primär zum Sattwerden, sondern nur zum Anlocken der Vögel, damit sie diesen Ort bereits kennen und bei einer Verschlechterung der Witterung sofort wissen, wo sie Nahrung finden können.

Meisenglocken selbst herstellen

Eine Meisenglocke lässt sich von jedem Gartenbesitzer leicht selbst herstellen. Zu diesem Zweck benötigt man einen leeren Blumentopf aus Steingut, in dessen Boden sich ein Wasserabzugsloch befindet. Durch dieses steckt man einen u-förmig gebogenen Aluminiumdraht, dessen untere Enden zuvor noch rechtwinklig gebogen wurden. Dieser Draht dient später als Aufhängung für die Glocke.

Als Glockenfüllung schmilzt man beispielsweise Gekröse- oder Bauchfett vom Schwein und gibt, nachdem dieses weitgehend erkaltet, aber immer noch flüssig ist, Sämereien oder Nüsse hinein. Sobald die gesamte Masse fest geworden ist, füllt man mit ihr die Meisenglocke und hängt sie an einem Strauch oder Baum auf.

Meisen und anderen Vögeln kann man auch rohe, ungesalzene Fettstücke anbieten, die beispielsweise vor der Zubereitung von der Weihnachtsgans oder -ente abgeschnitten wurden. Durch derartige Stücke muss man lediglich noch einen Bindfaden ziehen. Dieser wird anschließend an den Enden verknotet, sodass man das betreffende Fettstück ebenfalls gut in einen Strauch oder Baum hängen kann.

Bei Schnee und Frost ist die Fütterung der Gartenvögel erlaubt. Das Futter aber immer sauber und trocken halten.

Meisen sollte man im Winter niemals nur mit hartem Brot oder Brötchen füttern. Dagegen haben sich die sogenannten Meisenknödel als ein sehr gutes Winterfutter erwiesen.

Auch die Meise lebt nicht vom Brot allein

Bei der Winterfütterung von Meisen hat es sich häufig als ein Fehler erwiesen, ihnen ausschließlich hartes Brot beziehungsweise Brötchen anzubieten. Manche Meisen spezialisieren sich dann so stark auf diese Nahrung, dass sie in der folgenden Brutperiode versuchen, ihre Jungen ebenfalls damit zu füttern, indem sie beispielsweise Brot- und Brötchenreste aus öffentlichen Papierkörben heranschleppen. Für die Jungvögel ist ein derartiges Futter jedoch völlig ungeeignet, weil es zwar viele Kohlenhydrate, aber nur sehr wenige Proteine enthält. In nicht wenigen Fällen erreichen die Jungen dann trotz der aufopfernden Pflege durch die Altvögel nicht das Stadium des Flüggewerdens, sondern sterben zuvor an Protein- oder Vitaminmangel.

Auch angeschnittenes, überschüssiges Fett einer Weihnachtsgans kann als Meisenfutter genutzt werden.

Gefahren für unsere Gartenvögel

Konkurrenz und natürliche Auslese

Sichtbare und unsichtbare Gefahrenquellen

Räuber und Störenfriede

Konkurrenz und natürliche Auslese

Auch wenn wir Menschen es in vielen Fällen nicht so empfinden – aber unsere Gartenvögel sind, genau wie alle anderen Tiere und Pflanzen, Teile einer natürlichen Umwelt, in der tagtäglich ein unerbittlicher Kampf ums Überleben herrscht.

Konkurrenz

Dieser Überlebenskampf ist sehr vielgestaltig und wird von zahlreichen Faktoren beeinflusst. So konkurrieren bereits innerhalb jeder Art die einzelnen Individuen um die besten Paarungspartner, um besonders günstige Balz- und Brutreviere sowie um die in einem bestimmten Gebiet vorhandenen Nahrungsressourcen. Letztere sind aber auch oft für andere Vogelarten interessant, die ebenfalls bestrebt sind, davon einen möglichst großen Anteil abzubekommen.

Natürliche Auslese

Die einzelnen Vogelarten und ihre Jungen sind außerdem zahlreichen Gefahren ausgesetzt, indem sie beispielsweise zum Beutespektrum von Raubtieren und größeren Vögeln gehören. In dieser Umwelt herrscht eine strenge natürliche Auslese, gegen die sich die einzelnen Vögel ständig aufs Neue behaupten müssen und in welcher nur die stärksten und anpassungsfähigsten Individuen langzeitig überleben können.

Eine erfolgreiche Jagd: Fuchs mit erbeutetem Eichelhäher

Männliche Kohlmeisen grenzen durch ihren Gesang das Revier gegen Konkurrenten ab.

Sichtbare und unsichtbare Gefahrenquellen

Neben den natürlichen Gefahren, auf die sich die Vögel in ihrem Jahrmillionen währenden Evolutionsprozess eingestellt und dabei gleichzeitig bestimmte Verhaltensweisen entwickelt haben, existieren noch zahlreiche weitere Gefahren, die fast immer menschliche Ursachen haben.

In der Vergangenheit trugen einige Schädlingsbekämpfungsmittel dazu bei, dass die Eierschalen der Greifvögel, insbesondere der Falken, extrem dünn wurden und beim Brüten zerbrachen.

Während die Zaungrasmücke in früheren Zeiten fast nur offenes, mit Gehölzen und dichten Sträuchern durchsetztes Gelände besiedelte, findet sie sich in den letzten Jahrzehnten auch immer häufiger in Parkanlagen und Gärten ein.

Zerstörung der Lebensräume

In den letzten Jahrzehnten wurden zahlreiche Biotope entweder gänzlich zerstört oder zumindest so stark umgestaltet, dass es den dort vorkommenden Arten nicht möglich war, unter den neuen Bedingungen weiterzuleben. Aufgrund dieser Veränderungen mussten sich neben zahlreichen anderen Tierarten auch viele Vögel nach neuen, akzeptablen Lebensräumen umsehen. Diese fanden sie häufig in naturnahen Gärten oder auf Streuobstwiesen. In derartigen Rückzugsräumen leisteten und leisten noch immer verständnisvolle, naturverbundene Menschen aktive und hilfreiche Beiträge zum Schutz von gerade solchen Vogelarten, deren Bestände entweder eine stark rückläufige Tendenz aufweisen oder gar vom Aussterben bedroht sind.

Umweltgifte

Zu den großen Gefahrenquellen für die Vögel gehören giftige Herbizide, Insektizide sowie Molluskizide. Der einzelne Gartenfreund kann zwar einen Beitrag zum Schutz der heimischen Tierwelt leisten, indem er nur Schädlingsbekämpfungsmittel verwendet, die sowohl für die Vögel als

Werden Schnecken mit chemischen Mitteln bekämpft, so können diese mit der aufgenommenen Nahrung auch in die Körper der Vögel gelangen.

auch für die Bienen verträglich sind – aber damit ist leider das Gesamtproblem nicht gelöst. Oftmals werden auf landwirtschaftlichen Flächen und in angrenzenden Gärten stärker dosierte Gifte verwendet und daraufhin von tierischen Schadinsekten oder Schnecken aufgenommen, die zum Nahrungsrepertoire zahlreicher Vogelarten gehören.

Anhäufungen bei Greifvögeln und Eulen

Vögel scheiden in vielen Fällen nur einen Teil der mit der Nahrung aufgenommenen Giftstoffe wieder aus, während sich der Rest in den inneren Organen und der Muskulatur ablagert. Im Laufe der Zeit erhöht sich dann allmählich die Konzentration der im Körper abgelagerten Gifte immer mehr. Das kann insbesondere bei sogenannten Gipfelräubern, wie etwa Falken, zu einem Problem werden, weil sie am Ende einer Nahrungskette stehen.

Wenn diese Gipfelräuber vorwiegend Singvögel schlagen, in deren Körper bereits eine hohe Giftstoffkonzentration vorhanden war, erfolgt eine weitere Anhäufung in den Körpern dieser Greifvögel. Dadurch können in der Folgezeit die unterschiedlichsten, für die betreffenden Arten fast immer negativen Reaktionen ausgelöst werden.

So führte beispielsweise das in der Vergangenheit häufig als Insektizid verwendete Dichlordiphenyltrichlorethan, kurz DDT genannt, dazu, dass bei vielen Greifvögeln die Eierschalenproduktion nicht mehr im normalen Maße erfolgte. Stattdessen wurde das für die Stabilität der Eierschalen wichtige Kalzium in zu geringen Mengen eingelagert, wodurch die Greifvögel viele Gelege beim Bebrüten zerdrückten.

Turmfalken mit geschlagener Beute

Durch Vogelsilhouetten, die auf eine Fensterscheibe geklebt werden, können Vögel vor einem Zusammenprall geschützt werden.

Unsichtbare Fensterscheiben

Fensterscheiben von Pergolen, Wintergärten und Gewächshäusern werden von zahlreichen Vogelarten nicht als solche wahrgenommen, weshalb es immer wieder vorkommt, dass einige Exemplare dagegenfliegen. Auch wenn sich die Vögel bei einem derartigen Aufprall keine Verletzungen zuziehen, fallen sie fast immer zu Boden, wo sie mitunter ein paar Minuten benommen liegen bleiben. Falls ein solcher Vorfall von einer Katze beobachtet wird, nutzt diese fast immer die Chance, den Vogel zu erbeuten.

Um derartige Unfälle zu vermeiden, kann man die Scheiben mit im Handel erhältlichen Vogelsilhouetten bekleben. Eine andere Möglichkeit besteht darin, größere Gegenstände – beispielsweise eine Blumenampel – an die „nackten“ Fensterscheiben zu hängen, um sie somit für die Vögel besser erkennbar zu machen.

Diesem toten Sperber wurde eine Fensterscheibe zum Verhängnis, die er nicht als Begrenzung erkannte.

Räuber und Störenfriede

Nicht nur vor allem kleinere Vogelarten, sondern auch viele Vogelgelege werden von einer großen Anzahl von Fressfeinden bedroht, zu denen neben allerlei Raubtieren, Eulen, Greif- und Rabenvögeln auch Igel, Eichhörnchen sowie Hunde und Katzen gehören.

Die Elternvögel – hier eine Mönchsgrasmücke – sollten bei der Brut und Jungenaufzucht möglichst nicht gestört werden.

Der Steinmarder stellt den Vögeln sowohl auf Bäumen als auch am Boden nach.

Störende Neugier

Außerdem erweisen sich manche Menschen, zumeist nicht einmal aus böser Absicht heraus, als Störenfriede für Vögel, die sich in Gärten und Höfen angesiedelt haben. In gewisser Weise ist es auch verständlich, dass die Neugier erwacht, wenn man am Boden oder in einem niedrigen Gehölz ein Nest entdeckt, in dem ein brütender Vogel sitzt oder sich zumindest ein Gelege befindet. Trotzdem sollte man dann seine Neugier unterdrücken und die Vögel ohne weitere Störungen ihr Brutgeschäft verrichten lassen. Das trifft ebenso zu, wenn man ein noch im Bau befindliches Nest findet. Selbstverständlich sollte man in der Folgezeit auch vermeiden, (womöglich noch mehrmals täglich) nachzusehen, ob schon die ersten Eier gelegt wurden beziehungsweise die Elternvögel bereits beim Ausbrüten sind. Falls nämlich Vögel mehrmals beim Nestbau gestört werden oder sich ständig verunsichert fühlen, geben sie mitunter ihr Nest auf und suchen sich häufig auch ein anderes Brutrevier.

Räuber und Nestplünderer

Zu den Raubtieren, die Vögeln nachstellen und deren Nester plündern, gehören vor allem Steinmarder *(Martes foina)* und Baummarder *(Martes martes)*. Dabei umfassen die Jagdreviere der Marder sowohl Bäume, Fel-

Zum Beutespektrum von Iltis, …

… Hermelin und …

Der Fuchs plündert nicht nur die Nester von Bodenbrütern, sondern fängt auch mal schon einen erwachsenen Vogel.

... *Mauswiesel gehören ebenfalls zahlreiche Bodenbrüter.*

sen, Gebäude als auch den Erdboden. Außer Mardern stellen zusätzlich Iltisse *(Mustela putorius)*, Mauswiesel *(Mustela nivalis)* und der auch als Hermelin bezeichnete Große Wiesel *(Mustela erminea)* eine zusätzliche Gefahrenquelle für Bodenbrüter dar. Ebenso erbeuten Rotfüchse *(Vulpes vulpes)* gelegentlich Vögel und fressen die Jungen von Bodenbrütern. Obwohl ihnen oftmals etwas anderes unterstellt wird, fressen dagegen die zwischenzeitlich in manchen Teilen Europas vorkommenden Waschbären *(Procyon lotor)* kaum Vögel und plündern deren Nester nur, wenn sie beim Herumstreifen fast darüber stolpern.

Weitere Tierarten, die zur Kategorie „Gelegenheitsdiebe für Gelege oder Nestlinge" gehören, sind Eichhörnchen *(Sciurus vulgaris)*, Siebenschläfer *(Glis glis)*, Spitzmäuse (Gattung *Sorex*) und Igel *(Erinaceus europaeus)*.

Viele Singvogelarten gehören nicht nur zum typischen Nahrungsrepertoire von Greifvögeln, sondern werden gelegentlich auch zur Beute von Eulen. Des Weiteren stellen die Eier und Nestlinge von Singvögeln auch eine begehrte Beute für einige Rabenvögel, wie etwa Elstern und Eichelhäher, dar.

Eichhörnchen plündern gelegentlich gern Vogelnester.

Auch Igel – hier mit Nachwuchs – nehmen gern Nester aus.

Katzen und Hunde

Oftmals erweisen sich auch Hunde und Katzen als eine Bedrohung für die im Garten lebenden Vögel. Während viele Katzen leider aktiv auf Vogeljagd gehen, werden Vögel, die auf der Suche nach einem geeigneten Balz- und Brutreviere sind, vor allem von häufig und laut bellenden Hunden vergrämt. Aber auch weitgehend ruhige Hunde, die fast ständig damit beschäftigt sind, beinahe jeden Zentimeter der Gartenlandschaft zu durchstöbern, tragen nicht gerade dazu bei, dass sich am Boden brütende Arten ansiedeln.

Mutige Elternvögel

Falls schon ein Gelege vorhanden ist beziehungsweise sich sogar Jungen im Nest befinden, sind wiederum viele Vogelarten bereit, ihren Nachwuchs gegen einen plötzlich auftauchenden, potenziellen Fressfeind zu verteidigen. Sie zeigen dann ein Verhalten, das im ornithologischen, also vogelkundlichen Sprachgebrauch als „Hassen" bezeichnet wird. Dabei stoßen die Vögel anfangs häufig Alarmrufe aus, die nicht nur den Räuber erschrecken und irritieren, sondern gleichzeitig auch in der Nähe befindliche Artgenossen warnen sollen. Danach werden oft Scheinangriffe, vornehmlich auf den Kopfbereich des Räubers gestartet, um ihn auf diese Weise zu vertreiben.

Wenn Haushunde ständig Gärten und Grünanlagen durchstöbern, vergrämen sie damit oft viele Bodenbrüter.

Wacholderdrosseln wehren sich, indem sie ihre Feinde mit Kot bespritzen.

Kluge Ablenkungsmanöver

Am Boden brütende Arten sowie die Eltern von noch nicht flugfähigen Nestflüchtern hassen potenzielle Feinde oftmals nicht an, sondern bedienen sich dagegen einer Ablenkungsstrategie. Sie imitieren einen hinkenden oder mit gebrochenem Flügel herumlaufenden Vogel, der scheinbar eine leichte Beute darstellt. In den meisten Fällen gewinnen sie so schnell die ungeteilte Aufmerksamkeit des Räubers, der sich dann seiner Beute ziemlich sicher ist. Bei ihrem Täuschungsmanöver bewegen sich die scheinbar verletzten Altvögel möglichst weit vom Nest weg und locken dabei den Fressfeind hinter sich her. Sobald sie jedoch der Meinung sind, dass ihren Jungen keine Gefahr mehr droht, fliegen sie einfach fort, wodurch sie den Räuber zusätzlich irritieren. Dieser fühlt sich dann zumeist stark genarrt und zieht deprimiert von dannen.

Für Fressfeinde auch nicht angenehm

Eine sehr bemerkenswertes Verhalten zeigt die Wacholderdrossel *(Turdus pilaris)* bei der Abwehr von Fressfeinden. Sie spritzt ihnen nämlich äußerst zielsicher Kot entgegen, sodass diese zumeist äußerst überrascht die Jagd aufgeben.

Singvögel

Die Singvögel bilden eine Unterordnung der Sperlingsvögel (Passeriformes), die mit etwa 5700 Arten die umfangreichste und am weitesten verbreitete Ordnung innerhalb der Klasse der Vögel darstellt. Die größten Vertreter sind die in Australien und auf Papua-Neuguinea heimischen Paradiesvögel (Familie Paradisaeidae), die eine Kopf-Schwanz-Länge von 120 cm erreichen können. Im Unterschied dazu sind die meisten anderen Arten deutlich kleiner und erreichen oftmals nur Längen von 8–25 cm.
Ein gemeinsames Merkmal aller Sperlingsvögel sind ihre auch als Nestlinge bezeichneten Jungen, die sich beim Schlupf aus den Eiern als noch sehr unselbstständig erweisen und den klassischen Nesthockertyp verkörpern. Sobald die Altvögel am Nestrand erscheinen, sperren die Nestlinge ihre Schnäbel bettelnd um Futter weit auf.

Feldlerche *(Alauda arvensis)*

Zum typischen Verhalten der Feldlerche gehört es, in freiem Gelände im senkrechten Rüttelflug in die Höhe aufzusteigen, wobei sie oft minutenlang ihren Gesang ertönen lässt.

Mit Ausnahme einiger skandinavischer Gebiete ist die Feldlerche in ganz Europa sowie in den gemäßigten Klimazonen Asiens beheimatet. Feldlerchen fühlen sich auf weitgehend baumfreien Feldern, Wiesen, Weiden sowie großflächigen Kahlschlägen am wohlsten.

Ihr Nest errichten sie zwischen April und Juni am Boden, wobei oft zwei Gelege pro Jahr erbrütet werden. Jedes dieser Gelege umfasst zumeist 3–5 Eier, aus denen nach elf Tagen die Nestlinge schlüpfen. Bis zu ihrem Flüggewerden vergehen anschließend weitere 15 Tage.

Die Nahrungszusammensetzung variiert in Abhängigkeit von der Jahreszeit. Während im Sommerhalbjahr relativ viele Insekten, Spinnen, Würmer und grüne Pflanzenteile gefressen werden, dominieren im Winterhalbjahr Samen.

Eine Feldlerche beobachtet das Gelände. Gelege einer Feldlerche (oben). Junge, noch nicht flugfähige Feldlerche (unten).

Haubenlerche *(Galerida cristata)*

Während die Haubenlerche in früheren Zeiten eine sehr häufig vorkommende Art war, zeigen ihre Bestände in den letzten Jahrzehnten in West- und Mitteleuropa eine stark rückläufige Tendenz.

Anhand ihrer Scheitelhaube lässt sich die Haubenlerche leicht identifizieren.

Das natürliche Verbreitungsgebiet der 17 cm großen Haubenlerche erstreckt sich von Nordafrika und Arabien über große Bereiche Europas, wo sie allerdings in Skandinavien und Großbritannien fehlt, bis nach Nordchina und Korea. Sie besiedelt vorwiegend Ödland und trockene, offene Landschaften sowie von Bäumen gesäumte Landstraßen. Den Winter verbringen Haubenlerchen häufig in Ortschaften, wo sie dann auch gern die Futterhäuschen aufsuchen.

Haubenlerchen brüten zumeist zweimal pro Jahr und zwar zwischen April und Anfang Juli, wobei sie ihre Nester am Boden bauen. Die Gelege bestehen durchschnittlich aus 3–5 Eiern, aus denen nach 15 Tagen die Jungen schlüpfen. Bis zum Flüggewerden benötigen diese nochmals rund zwei Wochen.

Die Hauptnahrung der Haubenlerchen besteht aus verschiedenen Samen, welche sie zuweilen aus bis zu 2 cm tiefem Boden graben. Als Ergänzung nehmen sie manchmal Insekten und Spinnen auf.

Mehlschwalbe *(Delichon urbicum)*

Ihren charakteristischen Populärnamen erhielt diese Schwalbenart aufgrund des schneeweißen Wangen- und Kehlgefieders. Im Gegensatz zur Rauchschwalbe trägt sie keine rotbraune Gesichtsmaske und verfügt über einen geringer gegabelten Schwanz.

Mehlschwalbe mit Baumaterial für das Nest

Die 13–14 cm langen Mehlschwalben sind, wie übrigens auch Rauchschwalben, keine typischen Gartenvögel, aber sie halten sich gern in Siedlungen auf, wo auch häufig die Nester gebaut werden. In Gärten finden sie sich meist nur zufällig zu sehr kurzzeitigen Aufenthalten beziehungsweise Jagdflügen ein. Das Sommerverbreitungsgebiet der Mehlschwalbe erstreckt sich auf Europa, den Orient, Sibirien und die Küstenregionen Nordafrikas.

Wenn sich der Sommer seinem Ende zuneigt, sammeln sich die Schwalben zum gemeinsamen Flug in den Süden.

Vorbildlich gemauerte Kinderstuben

Häufig werden jährlich sogar zwei Bruten aufgezogen. Ihr vorwiegend aus Lehm, Schlamm und Stroh bestehendes Nest, das sie oft an Dachrändern und unter Vordächern anbringen, hat die Form einer Halbkugel und weist ein oberseitiges Einflugloch auf. Das darin platzierte Gelege umfasst 3–5 Eier, aus denen nach einer 12–14-tägigen Brutzeit die Nestlinge schlüpfen. Diese werden von beiden Eltern mit kleiner tierischer Nahrung versorgt, die hauptsächlich aus Fliegen und Mücken besteht. Bis zum Flüggewerden der Jungen vergehen etwa 25 Tage. An der Fütterung der Nestlinge aus der zweiten Brut beteiligen sich nicht selten auch die Geschwister des ersten Geleges. Sobald sich der Hochsommer seinem Ende zuneigt, sammeln sich die Mehlschwalben häufig zu Hunderten, um gemeinsam in ihre Winterquartiere zu fliegen, die südlich der Sahara liegen.

Gelegentliche Jagdgemeinschaften

Ihre Nahrung fangen die Mehlschwalben genau wie die Rauchschwalben fast immer im Flug. Dabei passiert es gelegentlich, dass diese geselligen Vögel gemeinsame Jagdverbände bilden. Allerdings halten sich die Mehlschwalben dann stets über den Rauchschwalben auf, wodurch die in dem jeweiligen Luftraum vorhandene Nahrung optimal genutzt wird.

Mehlschwalbennest

Rauchschwalbe *(Hirundo rustica)*

Ähnlich wie die Mehlschwalben bevorzugen es auch die Rauchschwalben, mit Artgenossen in kolonieartigen Verbänden zusammenzuleben. Gemeinsam jagen sie Fluginsekten aller Art – den größten Teil erbeuten sie in einer Flughöhe von etwa 7–8 m.

Das sommerliche Verbreitungsgebiet der knapp 20 cm langen Rauchschwalbe erstreckt sich über nahezu ganz Europa sowie die gemäßigten Klimaregionen Asiens bis nach Nordafrika und Nordamerika, wo man sie vor allem in offenen Kulturlandschaften, ländlichen Gemeinden und in der Nähe von stehenden Gewässern antrifft. Ähnlich wie die Mehlschwalbe findet sich auch die Rauchschwalbe meist nur zu sehr kurzzeitigen Aufenthalten beziehungsweise Jagdflügen im Garten ein.

Rauchschwalben ziehen zwei, in Ausnahmefällen auch drei Bruten pro Jahr auf. Ihr Nest platzieren diese Vö-

Rauchschwalbennest mit Jungen

gel oft in Gebäuden, wo sie beispielsweise unter einem Mauervorsprung oder einem Balken eine oben offene, halbschalenförmige Konstruktion aus Schlamm, Lehm und Stroh bauen. In dieses Nest legt das Weibchen durchschnittlich 4–5 Eier, aus denen nach rund zwei Wochen die Jungen schlüpfen, die anschließend drei Wochen lang von beiden Eltern gefüttert werden. Danach verlassen die Jungschwalben zwar das Nest, aber der familiäre Kontakt reißt zunächst nicht ab, denn sie beteiligen sich, genau wie Mehlschwalben, später des Öfteren am Füttern der zweiten Brut. Die Nahrung der Rauchschwalben besteht nahezu ausschließlich aus kleinen Insekten, die fast immer im Flug erbeutet werden.

Balzende Rauchschwalben

Winterquartiere

Ende September ziehen die Rauchschwalben in ihre Winterquartiere, die sich in Mittel- und Südafrika sowie im Vorderen Orient und in Indien befinden.

Unterscheidung der Schwalben

Rauch- und Mehlschwalben gehören nicht nur verschiedenen Gattungen an, sondern lassen sich auch recht einfach unterscheiden. Während die Rauchschwalbe eine rotbraune Gesichtsmaske hat, die sich bis zum Brustansatz erstreckt und schwarz umrandet ist, zeigt die Mehlschwalbe unterhalb ihres Schnabels sowie an der Brust eine rein weiße Färbung. Außerdem besitzen die Rauchschwalben einen stärker gegabelten Schwanz als die Mehlschwalben.

Rauchschwalbe beim Sammeln von Nistmaterial

Bachstelze *(Motacilla alba)*

Trotz ihrer Vorliebe für feuchte Biotope hat sich die Bachstelze in den vergangen Jahrzehnten vielerorts als ein sehr anpassungsfähiger Kulturfolger erwiesen, der häufig auf Viehweiden, Streuobstwiesen und Äckern sowie in rasenreichen Gärten, städtischen Grünanlagen und Parks anzutreffen ist.

Das natürliche Verbreitungsgebiet der Bachstelze erstreckt sich nicht nur auf ganz Europa, sondern auch auf große Teile Nordafrikas und der gemäßigten Klimaregionen Asiens. Wie bereits der Populärname verrät, fühlt sich dieser Vogel, dessen Kopf-Schwanz-Länge etwa 18 cm beträgt, an den Ufern von Bächen, Flüssen sowie an feuchten Gräben besonders wohl. Im Herbst ziehen die Bachstelzen aus den nördlichen Bereichen Europas und Asiens in den Mittelmeerraum, nach Nordafrika oder in den Orient, wo sie die Wintermonate verbringen.

Nimmt gern künstliche Eigenheime an

Bachstelzen brüten oft zweimal pro Jahr, wobei dann die erste Brut fast immer im April beginnt. Als Brutstätte wählen die Vögel häufig Brutkästen aus, an deren Vorderfront zwei ovale Einfluglöcher vorhanden sind, deren Abmessungen 50 x 32 mm betragen. Falls man gezielt einen derartigen Kasten aufhängen möchte, sollte dafür ein etwas abgedunkelter, katzen- und mardersicherer Platz ausgesucht werden, beispielsweise unter einem Schuppen- oder Laubenvor-

Bachstelze bei der Fütterung am Nest

Beim Baden ist die Bachstelze voll in ihrem Element.

dach. Sind keine solchen Kästen vorhanden, weichen die Bachstelzen auf Halbhöhlen aus, wie sie beispielsweise in Holzstapeln oder zwischen zwei Dachbalken vorhanden sind. In der jeweiligen Brutstätte baut das Weibchen ein recht unordentlich aussehendes Nest, in das es 5–6 Eier legt, die anschließend 14 Tage lang bebrütet werden.

Die Nahrung der Bachstelzen besteht aus kleinen tierischen Komponenten.

Viel Eiweißkost für Schnellentwickler

An der Fütterung der Jungen beteiligen sich beide Altvögel. Sie schleppen scheinbar pausenlos Nahrung heran, die meist nicht im Flug, sondern zu Fuß erbeutet wird. Die Nahrung besteht vorwiegend aus kleinen Insekten wie Mücken, Fliegen, Ameisen, kleinen Käfern und winzigen Schmetterlingen. Diese eiweißreiche Kost bildet die Grundlage dafür, dass die Jungen bereits nach 14 Tagen flügge werden.

Gebirgsstelze *(Motacilla cinerea)*

Gebirgsstelzen bauen ihre Nester mit Vorliebe direkt am Ufer von Gewässern, in Erdlöchern, Mauernischen oder unter Brücken.

Bei der Gebirgsstelze handelt es sich um einen 18 cm langen Vogel, dessen Verbreitungsgebiet sich mit Ausnahme Skandinaviens und Osteuropas über ganz Europa, Teile Nordafrikas sowie umfangreiche Gebiete der gemäßigten Klimaregionen Asiens erstreckt. Obwohl bevorzugt Bach- und Flussufer besiedelt werden, tritt die Gebirgsstelze auch immer wieder in Ortschaften auf. Die Brutzeit erstreckt sich von April bis August, wobei zumeist zwei Gelege aufgezogen werden. Diese bestehen zumeist jeweils aus 5–6 Eiern. Nach 12–14 Tagen schlüpfen daraus die Nestlinge. Bis zum Flüggewerden vergehen dann weitere 14 Tage. Die vorwiegend aus Insekten und deren Larven bestehende Nahrung wird entweder am Boden oder im Flachwasser tippelnd beziehungsweise im Flug erbeutet. Die Gebirgsstelzen der nördlichen Bereiche ziehen im Herbst häufig nach Südeuropa oder Nordafrika, während die Exemplare im Süden zumeist in ihren Brutgebieten bleiben.

Männliche Gebirgsstelze

Zweitnutzung der Nester von Wasseramseln

Gelegentlich nutzt die Gebirgsstelze auch verlassene Wasseramselnester als Brutstätten oder quartiert sich in Nistkästen ein, die in Wassernähe aufgehängt wurden.

Schafstelze *(Motacilla flava)*

Die Nahrung der Schafstelzen besteht vorwiegend aus kleinen Insekten, die diese Vögel zumeist zu Fuß erbeuten, indem sie mit aufmerksamem Blick hinter Rindern, Ziegen oder Schafen hertippeln.

Bei der Schafstelze, von der zahlreiche Unterarten existieren, handelt es sich um eine sehr enge Verwandte der Bachstelze. Das Verbreitungsgebiet der Schafstelze umfasst nahezu ganz Europa, Nordafrika, die gemäßigten Klimaregionen Asiens und auch Westalaska, wo mit Vorliebe Wiesen, Weiden und Flussufer besiedelt werden. Die Brutzeit erstreckt sich von Mai bis August. Während dieser Zeit ziehen die Schafstelzen häufig zwei Bruten aus den jeweils 5–6 Eier umfassenden Gelegen auf. Nach einer Bebrütungsdauer von 11–12 Tagen schlüpfen die Jungen, die weitere 14 Tage bis zum Flüggewerden benötigen.

Im Herbst ziehen die Schafstelzen entweder ins tropische Afrika oder nach Südostasien, um dort den Winter zu verbringen.

Erwachsenes Männchen

Erwachsenes weibliches Exemplar

Wiesenpieper *(Anthus pratensis)*

Bei dem 14,5 cm großen Wiesenpieper handelt es sich um eine ruffreudige, sehr agile Art, die fast unaufhörlich am Boden herumhüpft. Sein Gesang, den er in kurzen Singflügen vorträgt, ist hoch und dünn und unterscheidet ihn vom äußerlich sehr ähnlichen Baumpieper.

In seinem Aussehen erinnert der Wiesenpieper ein wenig an einen Sperling.

Während des Sommerhalbjahrs hält sich der Wiesenpieper in den mittleren und nördlichen Gebieten Eurasiens auf. Die Verbreitungsgrenze befindet sich im westlichen Sibirien. Die Überwinterung erfolgt in Westeuropa sowie in den an das Mittelmeer angrenzenden Ländern. Als Lebensräume werden feuchte Wiesen und Moore, Dünen und Ödland bevorzugt. In Gärten erscheinen Wiesenpieper zumeist nur, wenn sie Nahrung suchen.

Häufig erfolgen zwei Bruten pro Jahr, wofür am Boden ein Nest errichtet wird. Aus den zumeist 4–6 Eier umfassenden Gelegen schlüpfen nach einer Brutdauer von 13 Tagen die Nestlinge, die nochmals 13 Tage bis zum Flüggewerden benötigen. Die Nahrung der Wiesenpieper setzt sich vorwiegend aus Spinnen, Insekten, deren Larven und verschiedenen Samen zusammen.

Beliebter Kuckuckswirt

Der Wiesenpieper gehört zu den beliebtesten Wirtsvögeln des Kuckucks. Der Anteil der betroffenen Nester einer Brutsaison beträgt jedoch nur wenige Prozent.

Baumpieper *(Anthus trivialis)*

In seinem Aussehen ähnelt der Baumpieper dem Wiesenpieper sehr stark, sodass man beide Arten fast nur anhand ihres Gesangs unterscheiden kann. Während der Gesang des Wiesenpiepers wie „dipp, dipp, dipp" oder „zi, zi, zi" klingt, ruft der Baumpieper „sib, sib, sib" oder „prie" beziehungsweise „zieh".

Aufgrund seines schlicht gefärbten Gefieders, in dem Grau- und Brauntöne dominieren, wird der 15 cm lange Baumpieper von Unkundigen oft für einen weiblichen Haussperling gehalten. Sein Sommerverbreitungsgebiet erstreckt sich von Europa bis nach Kleinasien und Nordsibirien. Neben lichten Wäldern, Feldgehölzen und Parks besiedelt diese Art gelegentlich auch größere Gärten, in denen ein ausreichender Baum- und Strauchbestand vorhanden ist.

Gebrütet wird oft zweimal, in Ausnahmefällen sogar dreimal pro Jahr. Zu diesem Zweck wird am Boden ein Nest aus pflanzlichem Material gebaut, das zur Aufnahme des durchschnittlich fünf Eier umfassenden Geleges dient. Das Erbrüten dauert 12–14 Tage. Anschließend werden die Nestlinge etwa 25 Tage von beiden Eltern fast ausschließlich mit kleiner tierischer Nahrung gefüttert. Mitte bis Ende August ziehen die Baumpieper in ihre Winterquartiere, die sich in Afrika südlich der Sahara sowie in Indien und teilweise in den an diesen Subkontinent angrenzenden Ländern befinden.

Baumpieper in einem Kirschbaum

Sommergoldhähnchen *(Regulus ignicapillus)*

Anhand seines leuchtend gelbgrünen Rückens und der schwarzen und weißen Streifen am Kopf, die sein nächster Verwandter, das Wintergoldhähnchen, nicht besitzt, lässt sich das Sommergoldhähnchen leicht identifizieren.

Sein Verbreitungsgebiet erstreckt sich von einigen Regionen Nordafrikas über Süd- und Westeuropa bis nach Mitteleuropa und Kleinasien. Den Winter verbringen die meisten Sommergoldhähnchen in Südeuropa und Nordafrika. Als Lebensraum werden Wälder sowie große, mit alten Bäumen bestandene Parks, Friedhöfe und Gärten bevorzugt.

Die Brutzeit, in der häufig zwei Gelege aufgezogen werden, erstreckt sich von April bis Mai. Dann wird – oft in Bodennähe – aus Moos, Flechten und Nadeln ein kugelförmiges Nest gebaut, in das das Weibchen 7–12 Eier legt. Aus diesen schlüpfen nach 14–16 Tagen die Jungen, die anschließend 3–3,5 Wochen bis zum Flüggewerden benötigen. Die Nahrung des Sommergoldhähnchens besteht vorwiegend aus kleinen Spinnen, Insekten und deren Larven.

Ein Sommergoldhähnchen füttert sein Junges auf einem Tannenzweig.

Sommergoldhähnchen, gut erkennbar die typischen schwarz-weißen Streifen am Kopf

Wintergoldhähnchen *(Regulus regulus)*

Zusammen mit dem Sommergoldhähnchen gehört das nur 9 cm große Wintergoldhähnchen zu den kleinsten Vogelarten Europas. Um zu überleben, muss die tägliche Nahrungsmenge der des eigenen Körpergewichts gleichen.

Mit Ausnahme einiger Regionen der Pyrenäenhalbinsel sowie Skandinaviens und des Balkans erstreckt sich das Verbreitungsgebiet des Wintergoldhähnchens von Europa und Vorderasien über die gemäßigten Klimazonen Asiens bis nach Japan. Als sommerliche Lebensräume werden fast nur Gebiete besiedelt, in denen sich Wälder mit hohen Fichten- oder Tannenanteilen befinden.

Jungenaufzucht

Ähnlich wie das Sommergoldhähnchen zieht auch das Wintergoldhähnchen häufig zwei Bruten pro Jahr auf. Die Brutzeit erstreckt sich dabei von April bis Juli, in der ein vorwiegend aus Moos bestehendes Kugelnest auf den Außenzweigen von Fichten oder Tannen gebaut wird. Die durchschnittliche Gelegegröße schwankt zwischen acht und elf Eiern, aus denen nach 15–16 Tagen die Jungen schlüpfen. Bis zu ihrem Flüggewerden vergehen weitere 14–15 Tage. Wintergoldhähnchen sind Insektenfresser, die sich auf kleinste Beutetiere spezialisiert haben und im Gegensatz zum Sommergoldhähnchen bevorzugt auf der Unterseite von Ästen suchen.

Das Wintergoldhähnchen gehört zu den kleinsten Vogelarten Europas.

Das Wintergoldhähnchen besitzt keinen schwarz-weißen Augenstreifen.

Seidenschwanz *(Bombycilla garrulus)*

Seidenschwänze erscheinen in Mitteleuropa nur in „mageren Wintern", wenn in ihren Heimatregionen die Nahrung knapp wird. Dann tauchen sie in Wäldern, Parks und Gärten auf, um nach noch vorhandenen Beeren beziehungsweise hängen gebliebenen Restobst zu suchen.

Das natürliche Verbreitungsgebiet des Seidenschwanzes erstreckt sich von Nordskandinavien über die gesamte Taigaregion bis in die nördlichen Bereiche Kanadas, wo vor allem unterholzreiche Nadelwälder besiedelt werden.

Im Juni bauen die Seidenschwänze ihre Nester, in die sie 4–6 Eier legen. Daraus schlüpfen nach 14 Tagen die Jungen, die anschließend hauptsächlich mit Insekten ernährt werden. Als gelegentliche Beikost verfüttern die Altvögel auch verschiedene Beerensorten. Die Jungen wachsen sehr zügig und sind bereits nach 15–17 Tagen flügge. In der wärmeren Jahreszeit fressen auch die erwachsenen Seidenschwänze vorwiegend Insekten, während ihr Herbst- und Winterfutter vorwiegend aus Beeren besteht.

Im Winter sind Früchte die Hauptnahrungsquelle des Seidenschwanzes.

In „mageren Jahren" erscheinen die Seidenschwänze oft als Gäste in Mitteleuropa.

Wasseramsel *(Cinclus cinclus)*

Anhand ihres weißen Brustlatzes ist die auch als Eurasische Wasseramsel bezeichnete Wasseramsel leicht zu identifizieren. Als Lebensräume besiedelt sie kleine, zumeist schnell fließende Bäche und Flüsse und die angrenzenden Uferregionen.

Das Verbreitungsgebiet dieses Vogels erstreckt sich über ganz Europa (wobei sie allerdings in einigen Regionen, wie etwa im südlichen Skandinavien und auch Südengland, fehlt), Nordafrika und Mittelasien.

Die Brutzeit der Wasseramsel erstreckt sich von April bis Juni. Dann wird ein backofenförmiges Nest aus Moos, Halmen und Blättern gebaut, das sich oft unter Brücken oder in Mauernischen befindet. Das Gelege umfasst zumeist 4–6 Eier, die 16 Tage lang bebrütet werden. Anschließend benötigen die Nestlinge etwa 3,5 Wochen bis zum Flüggewerden.

Die Wasseramsel ist der einzige Singvogel Europas, der unter Wasser schwimmen und tauchen kann. Die Nahrung besteht aus Wasserinsekten, deren Larven, Bachflohkrebsen, Fisch- und Lurchlaich, Kaulquappen und kleinen Fischen. Den Winter verbringt die Wasseramsel zumeist im Brutgebiet.

Wasseramsel mit Nistmaterial

Eine unter einem kleinen Wasserfall versteckte Wasseramsel

Wasseramsel-Pärchen (rechts)

Zaunkönig *(Troglodytes troglodytes)*

Das Verbreitungsgebiet des auch als Schneekönig bezeichneten, nur 9–11 cm großen Zaunkönigs erstreckt sich mit Ausnahme einiger Regionen Russlands und Skandinaviens auf ganz Europa, weite Teile der gemäßigten Klimazonen Asiens und Nordamerikas bis hin zu den am Mittelmeer gelegenen nordafrikanischen Ländern.

Dabei ist die Vorliebe des Zaunkönigs für unterholzreiche Wälder, von dichten Gehölzsäumen umgebene Bäche und Wassergräben sowie Gärten mit einem umfangreichen Baum- und Strauchbestand unverkennbar. Im Frühjahr beginnen die Männchen, in ihrem Revier mehrere geschlossene, kugelförmige oder ovale Nester zu bauen, die ein seitliches Einflugloch aufweisen. Sobald eines dieser Nester fertig ist, lockt das Männchen mit seinem Gesang ein Weibchen an und paart sich mit diesem. Danach bezieht das Weibchen das Nest und das Männchen baut eines der anderen Nester fertig und versucht dann erneut, ein Weibchen anzulocken.

Singender Zaunkönig

Pro Jahr werden oft zwei Bruten aufgezogen, wobei die Gelege zumeist aus 5–8 Eiern bestehen, welche das Weibchen 14–18 Tage lang bebrütet.

Unermüdliche Nahrungssucher

Die Jagd nach Spinnen, Insekten, deren Larven und Eiern erfolgt vorwiegend in Bodennähe, wo Reisig, Falllaub sowie auch aus dem Boden herausgewachsene Wurzeln durchstöbert werden. Außerdem nehmen Zaunkönige gelegentlich ein paar Beeren auf und „fischen" an Gewässersäumen Kleinlebewesen aus dem Wasser.

Gewölle

Besondere Aufmerksamkeit verdient die Tatsache, dass diese Singvögel regelmäßig winzige Gewölle herauswürgen, die hauptsächlich unverdauliche Nahrungsbestandteile enthalten, wie etwa Bruchstücke aus den Chitinpanzern von Insekten.

Im Winter werden Aggressionen unterdrückt

Männliche Zaunkönige sind sehr aggressiv und dulden die meiste Zeit des Jahres keinen Nebenbuhler in ihrem Revier. Lediglich im Winter, wenn extreme Minusgrade herrschen, finden sich die „Kampfhähne" oft zu Schlafgesellschaften zusammen, um in einem Nest oder Nistkasten die Nacht zu verbringen und sich dabei gegenseitig zu wärmen.

Zaunkönig im Flug

Heckenbraunelle *(Prunella modularis)*

Im Unterschied zu den vielen anderen Singvogelarten besetzen bei den Heckenbraunellen auch die Weibchen Reviere, die sich fast immer mit denen von mehreren Männchen überlappen. Deshalb kommt es häufig vor, dass ein Weibchen zwei oder mehr Männchen als Partner hat.

Ursprünglich war die Heckenbraunelle nur in einem Gebiet zu Hause, das sich auf nahezu ganz Europa und große Teile Kleinasiens erstreckt. Inzwischen wurde dieser Vogel vom Menschen auch in Neuseeland ausgesetzt, wo er sich in der Folgezeit dauerhaft etablieren konnte.

Eigentlich handelt es sich bei der 14–15 cm großen Heckenbraunelle um einen Waldvogel, der sich aber des Öfteren in Parks und Gärten einfindet, wenn in diesen zahlreiche dicht stehende und reich beblätterte Sträucher beziehungsweise Hecken vorhanden sind.

Blattläuse beliebt

Heckenbraunellen brüten zweimal pro Jahr. Dabei erfolgt die erste Brut im April und die zweite im Juli. Zu diesem Zweck bauen die Heckenbraunellen ein oft nur 50 cm über dem Erdboden befindliches Nest, in das sie jeweils 3–6 Eier legen, aus denen nach etwa zwei Wochen die Jungen schlüpfen. Diese werden 11–14 Tage lang von beiden Altvögeln mit kleiner tierischer Nahrung versorgt, die zu einem Großteil aus Blattläusen besteht. Des Weiteren werden Insek-

Bei der Heckenbraunelle handelt es sich um eine unspektakulär gefärbte Art.

Im Winter ist das Gefieder der Heckenbraunelle etwas blasser.

Häufige Gelegeverluste

Das erste Gelege der Heckenbraunelle fällt häufig Nesträubern zum Opfer. Diese haben oft wenig Mühe beim Aufspüren der auffällig gefärbten, blaugrünen Eier, welche im April zumeist noch sehr unzureichend durch die spärliche Vegetation verborgen werden.

ten und deren Larven sowie Spinnen verfüttert, die in den Sommermonaten auch die Hauptfutterkomponenten der Altvögel darstellen. Im Spätsommer stellen sich die Heckenbraunellen allmählich auf kleine Körnernahrung um, die im Winter fast ausschließlich aufgenommen wird.

Gelegentliche Wintergäste

In Gebieten mit extrem kaltem Klima kommt es manchen Fällen vor, dass Heckenbraunellen vor Einbruch des Winters in Richtung Südeuropa und zum Schwarzen Meer abwandern. In den übrigen Regionen bleiben sie in ihren Brutgebieten, wo sie sich sogar als gelegentliche Gäste an winterlichen Futterhäuschen einstellen.

Steinrötel *(Monticola saxatilis)*

Der „Stein" im Namen dieses Vogels ist nicht ganz unberechtigt, denn zu seinen Lebensräumen gehören neben offenem Gelände und Weinbergen, vor allem sonnige Felshänge, Ruinen und Steinbrücken.

Das Verbreitungsgebiet des 19,5 cm großen Steinrötels, bei dem das Männchen zur Brutzeit ein sehr farbenfrohes Gefieder hat, erstreckt sich entlang der europäischen Mittelmeerländer und den Alpen über Vorderasien bis nach China. Außerdem tritt er in einigen Gebieten Nordafrikas auf. Im Herbst ziehen die Steinrötel in ihre Winterquartiere, die sich im tropischen Afrika befinden.

Gebrütet wird zwischen Mai und Juni. Als Nistplätze wählen Steinrötel zumeist Höhlen, Spalten und Nischen in Felsen, Mauern oder unter Steinen. Das Gelege umfasst 4–5 Eier, welche das Weibchen ausbrütet. Nach 14–16 Tagen schlüpfen die Nestlinge, die weitere 14 Tage bis zum Flüggewerden benötigen. Anschließend geht jeder der Jungvögel seiner eigenen Wege. Die Nahrung des Steinrötels setzt sich hauptsächlich aus Insekten, deren Larven, Spinnen, kleinen Würmern und Beeren zusammen.

Weiblicher Steinrötel

Beim männlichen Steinrötel handelt es sich um einen sehr farbenprächtigen Vogel.

Rotdrossel *(Turdus iliacus)*

Die 24 cm große Rotdrossel lässt sich anhand ihrer rötlichen Flanken sowie der rostroten Flügelunterseiten, die nur beim Flug erkennbar sind, gut von der Singdrossel unterscheiden.

Ein weiteres markantes Unterscheidungsmerkmal ist der weißliche Überaugenstreif, der nur bei der Rotdrossel vorhanden ist. Das sommerliche Verbreitungsgebiet dieses Vogels erstreckt sich von Skandinavien über Nordrussland bis zum Baikalsee. Auf ihren Zügen zu den Winterquartieren, die sich in Nordafrika sowie in Süd- und Westeuropa befinden, vereinen sich die Rotdrosseln häufig mit Wacholderdrosseln.

Die Brutzeit erstreckt sich von Mai bis Juli. Das Nest befindet sich zumeist in niedrigen Sträuchern oder am Boden und die Gelegegröße beträgt 5–6 Eier. Aus diesen schlüpfen nach 11–13 Tagen die Jungen, die 10–12 Tage später das Nest verlassen, obwohl sie zu diesem Zeitpunkt noch nicht ganz flügge sind. Von den Eltern weiter gefüttert, verstecken sie sich noch ein paar Tage in der Vegetation, die das Vogelnest umgibt. Rotdrosseln fressen Insekten, Schnecken, Würmer und Beeren.

Rotdrossel

Gelege einer Rotdrossel

Amsel *(Turdus merula)*

Die meisten Amseln haben gegenüber dem Menschen eine derartig kurze Fluchtdistanz entwickelt, dass man ihnen schon fast auf die Schwanzfedern treten kann. Häufig fliegen sie vor einem sich nähernden Menschen nicht einmal davon, sondern hüpfen einfach nur ein paar Schritte weg.

Amselhahn

Bei der auch als Schwarzdrossel oder Merle bezeichneten Amsel handelt es sich um eine fast taubengroße Art, deren Kopf-Schwanz-Länge 25 cm beträgt. Erwachsene Männchen, die man auch Amselhähne nennt, besitzen ein lackschwarzes Gefieder sowie einen leuchtend gelben Schnabel und ebenfalls sattgelb gefärbte Augenringe. Im Unterschied dazu haben die Weibchen ein dunkelbraunes Rückengefieder sowie eine etwas helle Brust-Bauch-Region, auf der sich zahlreiche dunkle Flecken befinden.

Das natürliche Verbreitungsgebiet der Amsel erstreckt sich von Europa und Nordafrika über große Teile Sibiriens und des Orients bis nach China, wo sie vielerorts nicht nur Wälder, Parks und alte Friedhöfe besiedelt, sondern sich zu einem Kulturfolger entwickelt hat. Vor allem in Mitteleuropa sind diese Vögel in Wohngebieten und Gärten nahezu allgegenwärtig.

Amselgelege

Motto der Hähne: Lieber zwitschern, statt kämpfen

Amselmännchen besetzen Reviere, die sie gegen männliche Artgenossen energisch verteidigen. Damit es jedoch zu möglichst wenig „Amselgefechten" kommt, warnen die Revierbesitzer alle potenziellen Rivalen durch ihren Gesang, welcher gleichzeitig zum Anlocken der Weibchen dient. Letztere ziehen pro Jahr nicht selten zwei Bruten auf, wobei die Gelege zumeist aus 4–5 Eiern bestehen. Ihre dafür erforderlichen Nester bauen Amseln oft nur 1–1,5 m über dem Erdboden in dichten Sträuchern oder auf kleinen Bäumen.

Junge Amsel

Ein breit gefächertes Nahrungsrepertoire

Amseln sind Allesfresser, welche ihre Jungen weitgehend mit tierischer Nahrung füttern, die vor allem aus Spinnen, Asseln sowie Nackt- und Gehäuseschnecken besteht. Die Altvögel fressen auch junge Eidechsen, Frösche, Kröten und Blindschleichen. Mitunter plündern sie sogar die Gelege anderer Singvögel. Neben den tierischen Komponenten haben Amseln eine große Vorliebe für saftige, zuckerreiche Pflanzennahrung, allem voran Beeren und Obst.

Amselweibchen

Obst wird nicht nur im Winter gern von Amseln gefressen.

Amseln gehören zu den Teilziehern, von denen im Herbst umso mehr Exemplare ihre Sommerlebensräume verlassen, je nördlicher diese liegen. Deshalb konzentrieren sich die Überwinterungsgebiete der „nördlichen" Amseln auf Mittel-, Süd- und Westeuropa. Oft finden sie sich dann in menschliche Siedlungen ein, weil in diesen die durchschnittlichen Temperaturen zumeist um 1–3 °C höher sind als in Wäldern oder auf freiem Feld.

In 150 Jahren zu kleinen Rüpeln

In den vergangenen Jahrzehnten entwickelte sich die Amsel nicht nur zu einem der bekanntesten Kulturfolger, sondern während dieser Zeit erfolgte auch eine grundlegende Veränderung in ihrem Verhalten. Vor 150 Jahren galten nämlich die Amseln noch als äußerst scheue Vögel, die zurückgezogen in einsamen Waldgebieten lebten. Inzwischen sind aus ihnen fast kleine Rüpel geworden, die sich von der Anwesenheit des Menschen kaum noch beeindrucken lassen.

Singdrossel *(Turdus philomelos)*

Obwohl Singdrosseln auch andere Nahrung, wie etwa Würmer, Insekten und Früchte, fressen, haben sie eine Vorliebe für kleine Schnecken, deren Gehäuse sie zuvor immer auf den gleichen, als Drosselschmieden bezeichneten Steinen zertrümmern.

Das Verbreitungsgebiet der 23 cm großen Singdrossel umfasst nahezu ganz Europa und erstreckt sich bis zum Baikalsee. Überwintert wird zumeist in Südwesteuropa oder Nordwestafrika. Singdrosseln haben sich hinsichtlich ihrer Lebensräume als äußerst anpassungsfähig erwiesen. Während sie in manchen Gebieten sehr zurückgezogen leben und oft feuchte und von dichtem Unterholz durchzogene Wälder besiedeln, kommen diese Vögel anderenorts in Parks und Gärten vor. Zwischen April und August ziehen die Singdrosseln zumeist zwei Bruten auf. Ihre Gelege umfassen gewöhnlich fünf Eier, aus denen nach 12–14 Tagen die Nestlinge schlüpfen. Diese werden dann nach weiteren 15 Tagen flügge.

Singdrosseln verhalten sich meist recht scheu.

Wacholderdrossel *(Turdus pilaris)*

Bei der Wacholderdrossel handelt es sich um einen amselgroßen Vogel mit markant gesprenkeltem hellen Brust- und Bauchgefieder. Ihre Lautäußerungen haben wenig mit dem schönen Gesang der meisten Singvögel gemein.

Bis in den hohen Norden verbreitet

Das Verbreitungsgebiet dieses Vogels erstreckt sich von Grönland über Europa bis nach Mittelsibirien. Als Lebensräume werden bevorzugt Wälder, Feldgehölze, mit Bäumen bestandene Gewässerufer, Parkanlagen, aber auch Gärten ausgewählt, in denen sich neben zahlreichen Gehölzen kurzgeschnittene Rasenflächen sowie Beete mit humusreichen Böden befinden.

Keine Kinderstube ohne nasse Erde

In Mitteleuropa ziehen die Wacholderdrosseln pro Jahr fast immer zwei Bruten auf. Dabei erfolgt die erste Brut bereits Ende März bis Anfang April und die zweite im Juni. Ihr Nest errichten diese Vögel gewöhnlich in Bäumen oder hohen Sträuchern, wo dieses bevorzugt in einer Stammgabelung eingebettet wird. Für den napfähnlichen Rohbau des Nestes nutzen die Vögel trockene Grashalme oder Blätter. Anschließend kleiden die Wacholderdrosseln den Rohbau mit nasser Erde aus, auf die sie

Wacholderdrossel bei der winterlichen Nahrungsaufnahme

Kleiner Schwarm aus Wacholder- und Rotdrosseln während des Winters in einer Eberesche

wiederum eine Schicht Grashalme legen. Die Gelege umfassen durchschnittlich 5–6 Eier. Daraus schlüpfen nach 12–13 Tagen die Jungen. Deren Fütterung erfolgt vorwiegend mit tierischer Nahrung, in der Regenwürmer, Insekten sowie Spinnen den Hauptbestandteil darstellen. Gelegentlich komplettieren die Wacholderdrosseln ihre Nahrung durch einige Beeren und kleine Früchte. Nach rund drei Wochen sind die Jungen flügge und im Alter von 30 Tagen dann völlig selbstständig.

Zwischen Ende September und Ende November fliegen die meisten Wacholderdrosseln in ihre im Mittelmeerraum sowie in Südwesteuropa befindlichen Winterquartiere, aus denen sie Ende Februar zurückkehren.

Wenig melodisch

Die meisten Lautäußerungen der Wacholderdrosseln erinnern kaum an das, was man sich landläufig unter dem schönen Gezwitscher eines Singvogels vorstellt. Vielmehr sind diese Laute irgendwo zwischen den Geräuschen, die man mit einer Heckenschere erzeugt, und dem Gekrächze einer Elster einzuordnen. Gelegentlich werden die unmelodisch anmutenden Lautäußerungen durch ein kurzes „ssiii" unterbrochen.

Die Wacholderdrossel ist markant gesprenkelt und etwa amselgroß.

Misteldrossel *(Turdus viscivorus)*

Im Unterschied zu der ähnlich aussehenden Singdrossel, bei der die Flecken auf dem Brust- und Bauchgefieder eine fischschuppenähnliche Form haben, sind diese bei der Misteldrossel rundlich.

Fütternde Misteldrossel

Europas größte Drosselart

Die Kopf-Schwanz-Länge der Misteldrossel beträgt 26,5–29 cm – damit ist sie die größte Drosselart Europas. Mit Ausnahme von Nordskandinavien umfasst das Verbreitungsgebiet dieses Vogels ganz Europa und erstreckt sich bis nach Mittelasien. Im Herbst ziehen die meisten Misteldrosseln nach Südwesteuropa, um dort zu überwintern.

Als Biotope werden lichte Wälder, Parks sowie große, mit alten Bäumen bestandene Friedhöfe und Gärten besonders gern besiedelt.

Misteldrosseln ziehen pro Jahr zwischen März und August fast immer zwei Bruten auf. Die Gelege umfassen gewöhnlich 4–5 Eier, aus denen nach etwa zwei Wochen die Jungen schlüpfen. 15 Tage später werden diese flügge. Wie es bereits der Populärname verrät, fressen diese Vögel gern die Früchte der Mistel. Darüber hinaus stehen bei ihnen auch andere Früchte sowie Insekten, kleine Schnecken und Regenwürmer besonders hoch im Kurs.

Gelbspötter *(Hippolais icterina)*

Genau wie alle anderen Spötterarten ist auch der 13–14 cm große Gelbspötter in der Lage, den Gesang anderer Vögel zur allgemeinen Verwirrung teilweise täuschend echt zu imitieren.

Das sommerliche Verbreitungsgebiet des Gelbspötters erstreckt sich von Mitteleuropa und einigen Regionen Skandinaviens bis nach Westsibirien. Die Überwinterung findet im tropischen Afrika statt. Als Lebensraum bevorzugt dieser Vogel Parkanlagen, Feldgehölze, Gärten, Friedhöfe und lichte Laubwälder.

In der Brutzeit, die sich von Mai bis Juli erstrecken kann, wird in der Astgabel eines Strauches oder Baumes aus Pflanzenmaterialen ein Nest gebaut, das die Gelbspötter außen mit Birkenrinde verblenden. Das Gelege umfasst 4–6 Eier, aus denen nach rund zwei Wochen die Jungen schlüpfen. Bis zu ihrem Flüggewerden vergehen weitere zwei Wochen. Gelbspötter ernähren sich vorwiegend von Spinnen, Insekten und deren Larven sowie von Beeren.

Kein Kuckuckswirt

Gelegentlich legt der Kuckuck auch ein Ei in ein Gelbspötternest, was er jedoch besser hätte unterlassen sollen. Dieses Ei wird nämlich von den Gelbspöttern sofort als „Fremdkörper" identifiziert und aus dem Nest geworfen.

Gelbspötter

Blassspötter *(Iduna pallida)*

Der Gesang des Blassspötters erinnert stark an den des nahe verwandten Gelbspötters *(Hippolais icterina)*, der jedoch keine gräuliche, sondern eine gelbliche Brust- und Bauchregion besitzt.

Ursprünglich erstreckte sich das Verbreitungsgebiet des 13,5 cm großen Blassspötters nur auf die Türkei, Südwestasien, Nordafrika sowie Teile Spaniens und des Balkans. Inzwischen befindet sich dieser Vogel aber auf dem Vormarsch nach Mitteleuropa, wo er nun kein seltener Irrgast mehr ist. In Ungarn und der Slowakei hat er sich bereits fest etabliert.

Gehölze sind beim Blassspötter sehr beliebt

Er besiedelt sowohl Parkanlagen, Gärten, Streuobstwiesen sowie Baumgruppen im offenen Gelände. Die Hauptnahrung des Blassspötters besteht vorwiegend aus Spinnen und kleinen Insekten, die er vor allem von Gehölzen absammelt.

Gebrütet wird zwischen April und Anfang Juni, wobei dieser Vogel sein Nest am liebsten in dornentragenden Sträuchern errichtet. Das Gelege umfasst 3–4 Eier, aus denen nach ungefähr 20 Bruttagen die Jungen schlüpfen.

Im Frühherbst ziehen die Blassspötter anschließend in wärmere Gebiete.

Blassspötter

Schlagschwirl *(Locustella fluviatilis)*

Seine Nahrung, die vorwiegend aus Spinnen, Insekten und deren Larven besteht, sucht dieser Vogel nicht nur häufig am Boden, sondern er turnt auf der Suche nach Beute auch oft in Gehölzen sowie Brennnesselbeständen herum.

Seltener Gast in Gärten

Das sommerliche Verbreitungsgebiet des relativ selten vorkommenden Schlagschwirls erstreckt sich von Mitteleuropa bis nach Westsibirien, wo er bevorzugt die Randbereiche von unterholzreichen Bruchwäldern sowie Feuchtwiesen und Sumpfgebiet besiedelt. Auf angrenzenden Streuobstwiesen und in ruhigen Gärten taucht dieser scheue, 12–13 cm große Vogel nur sporadisch auf, um Nahrung zu suchen.

Die Brutzeit erstreckt sich von Mai bis Anfang Juli. Dann wird entweder direkt am Boden oder in einem Grasbüschel ein Nest gebaut, das zur Aufnahme des 5–7 Eier umfassenden Geleges dient. Aus diesem schlüpfen nach 11–12 Bruttagen die Jungen. Bis zu ihrem Flüggewerden vergehen rund zwei Wochen. Sobald es Herbst wird, ziehen die Schlagschwirle in ihre Winterquartiere, die sich im fernen Ost-, Südost- und Südafrika befinden.

Der Schlagschwirl ist auf Rücken, Brust und an den Flanken stärker gefleckt als der Feldschwirl.

Feldschwirl *(Locustella naevia)*

Anders als der Populärname dieser Art vermuten lässt, bevorzugt der Feldschwirl keine Ackerlandschaften, sondern feuchte Wiesen mit hohem Gras und zahlreichen Sträuchern sowie die Verlandungszonen von stehenden Gewässern.

Versteckte Lebensweise

Das sommerliche Verbreitungsgebiet des 13 cm großen Feldschwirls erstreckt sich von Frankreich über Mitteleuropa bis nach Südwestsibirien, während der Winter im tropischen Afrika verbracht wird. Feldschwirle führen eine sehr versteckte Lebensweise, sodass man sehr oft nur den Gesang der Männchen hört, aber diese kaum einmal zu Gesicht bekommt.

Zwischen Mai und Juli errichten die Feldschwirle ihre zwischen dichter Vegetation versteckten Nester. Die Gelege bestehen zumeist aus 5–6 Eiern, aus denen nach etwa zwei Wochen die Jungen schlüpfen. Bis zu ihrem Flüggewerden vergehen weitere 13 Tage. Die Nahrung der Feldschwirle besteht fast ausschließlich aus Spinnen, Insekten und deren Larven.

Singender Feldschwirl

Zilpzalp *(Phylloscopus collybita)*

Bei dem auch als Weidenlaubsänger bezeichneten 11 cm großen Zilpzalp handelt es sich um einen relativ schlicht gefärbten, jedoch sehr agilen Vogel, der durch seine deutlichen Laute auffällt.

Sein Sommerverbreitungsgebiet umfasst nahezu ganz Europa und erstreckt sich bis nach Sibirien, Vorderasien sowie auf einige Gebiete Nordafrikas. Als Lebensräume bevorzugt der Zilpzalp Wälder, Feldgehölze, Parks und größere Gärten.

Das mit einem seitlichen Einschlupfloch versehene, ansonsten aber geschlossene Nest (man spricht auch von einem backofenförmigen Nest) wird aus weichem Pflanzenmaterial gebaut und befindet sich entweder direkt am Boden oder nur 10–50 cm darüber. Die Gelegegröße variiert zwischen drei und sieben Eiern, aus denen nach etwa 14 Tagen Brutdauer dann die Nestlinge schlüpfen. Diese werden vorwiegend mit Blattläusen gefüttert. Ergänzend bieten ihnen die Altvögel noch kleine Insekten und Spinnen an, während Asseln und Schnecken nur sehr selten zum Nahrungsrepertoire gehören. Im Herbst fliegen die nord- und mitteleuropäischen Zilpzalp-Populationen in ihre Winterquartiere, die sich in den Anrainerstaaten des Mittelmeers sowie in Arabien und Nordindien befinden.

Singender Zilpzalp

Identifikation durch Gesang

Im Aussehen ist der Zilpzalp kaum vom Fitislaubsänger *(Phylloscopus trochilus)* zu unterscheiden, weshalb man bei der Artbestimmung auch immer auf den Gesang achten sollte. Während der Gesang des Fitis zumindest zu Beginn an den Schlag des Buchfinken erinnert, macht der Zilpzalp seinem Namen alle Ehre und baut seine Lieder aus unregelmäßig aneinandergereihten Zilp-Zalp-Silben auf. Außerdem ist der Lockruf des Fitis, der wie „hüitt“ oder „füid“ klingt, leiser und weicher als der des Zilpzalps.

Der Zilpzalp ist auch als Weidenlaubsänger bekannt.

Waldlaubsänger *(Phylloscopus sibilatrix)*

Von seinen Verwandten, dem Fitislaubsänger und dem Zilpzalp, unterscheidet sich der 12–13 cm große Waldlaubsänger vor allem durch seine wesentlich intensiver gelb gefärbte Gesichts- und Kehlregion.

Sein sommerliches Verbreitungsgebiet erstreckt sich von Frankreich bis nach Westsibirien. Dagegen wird der Winter in West- und Zentralafrika verbracht. Waldlaubsänger fühlen sich in lichten, jedoch stellenweise von Unterholz durchzogenen Wäldern und größeren Parks am wohlsten. In Gärten kommen sie oft nur sporadisch, um dort Nahrung zu suchen. Die Rufe dieses Vogels hören sich wie „sib" und „tüh" an.

Genau wie der Fitis und der Zilpzalp baut auch der Waldlaubsänger ein backofenförmiges Nest, welches sich am Boden befindet. Das Gelege besteht fast immer aus 6–7 Eiern, aus denen nach 12–14 Tagen die Nestlinge schlüpfen. Diese benötigen bis zum Flüggewerden 13 Tage. Waldlaubsänger fressen vor allem Spinnen sowie Insekten und deren Larven. Ergänzend nehmen sie gelegentlich Beeren und junge Knospen auf.

Waldlaubsänger

Fitislaubsänger *(Phylloscopus trochilus)*

Bei dem oft nur als Fitis bezeichneten Fitislaubsänger handelt es sich um einen 11 cm großen, relativ schlicht gefärbten Vogel, der lichte Wälder, Parks, größere Gärten mit Laubbäumen und die Ufersäume von stehenden Gewässern bevorzugt.

Sein sommerliches Verbreitungsgebiet beginnt in Frankreich und erstreckt sich, Großbritannien und Skandinavien mit umfassend, über Mitteleuropa bis Ostsibirien. Den Winter verbringen die Fitislaubsänger in den südlich der Sahara gelegenen Gebieten Afrikas.

Nester, die an Backöfen erinnern

Die Brutzeit erstreckt sich von Mai bis Juli. Während in den nördlichen Regionen des Sommerverbreitungsgebiets zumeist nur eine Brut pro Jahr erfolgt, sind es in den südlichen Bereichen oft zwei. Zu diesem Zweck errichten die Fitislaubsänger am Boden ein vorwiegend aus Moos und Gras bestehendes, backofenförmiges Nest mit einem seitlichen Eingang. Dieses Nest ist fast immer sehr gut im Unterholz oder zwischen dichten Grasbüscheln versteckt. Das Gelege umfasst durchschnittlich 4–7 Eier, aus denen nach 12–14 Tagen die Jungen schlüpfen. Nach weiteren 14 Tagen werden diese flügge. Fitislaubsänger ernähren sich von Spinnen, Insekten und deren Larven sowie von Beeren und jungen Knospen.

Singender Fitis

Der Fitislaubsänger wird oft nur als Fitis bezeichnet.

Mönchsgrasmücke *(Sylvia atricapilla)*

Seinen Populärnamen erhielt dieser Vogel, dessen Kopf-Schwanz-Länge etwa 14 cm beträgt, aufgrund des schwarzen Kopfgefieders, das sich bei den Männchen von der Stirn bis zum Nackenansatz erstreckt. Im Unterschied dazu besitzen die Weibchen immer eine braunrote Kopfhaube.

Weibliche Mönchsgrasmücke

Efeuteppiche sind sehr willkommen

Innerhalb der Familie der Zweigsänger oder Grasmückenartigen (Sylviidae) gehört die Mönchsgrasmücke, die eine sehr helle und klare Stimme hat, zu den am häufigsten vorkommenden Arten. Außer in einigen Regionen Skandinaviens ist sie in ganz Europa, Westsibirien, Vorderasien sowie Teilen Nordafrikas verbreitet. Neben dichten und möglichst feuchten Waldgebieten werden ebenso Flurgehölze, Parkanlagen und Gärten besiedelt, die einen umfangreichen Gehölzbestand sowie großflächige „Efeuteppiche" aufweisen.

Gut verstecktes Nest

In Mitteleuropa ziehen die Mönchsgrasmücken zumeist zwei Bruten pro Jahr auf, wobei sich die Brutzeit von Mai bis Juli erstrecken kann. Das Nest wird gewöhnlich nur einige Zentimeter über dem Boden in dichte Sträucher gebaut und besteht vorwiegend aus trockenem Gras, Moos und kleinen Wurzeln. Nach durchschnittlich 12–15 Tagen Brutzeit schlüpfen aus dem 5–6 Eier umfassenden Gelege die Nestlinge, die anschließend zwei Wochen lang gefüttert werden. Die Nahrung besteht hauptsächlich aus kleineren Insekten und deren Larven. Außerdem fressen diese Singvögel manchmal einige Beeren, beispielsweise vom Holunder.

Mönchsgrasmücke füttert Küken im Nest.

Weniger Interesse an Langstreckenflügen

Bis vor ein paar Jahrzehnten galt die Mönchsgrasmücke noch als ein Zugvogel, der im Frühherbst Mitteleuropa verließ, um den Winter in der Mittelmeerregion Mönchsgrasmücken beobachtet, die ihre Zugaktivitäten aufgegeben haben und auch während der kalten Jahreszeit in Mitteleuropa bleiben. Ähnliche Beobachtungen wurden auch in Großbritannien gemacht, wo ebenfalls immer mehr Mönchsgrasmücken die Britischen Inseln nicht mehr verlassen, sondern zur Überwinterung nur noch nach Südengland fliegen.

Männliche Mönchsgrasmücke beim Bad

Gartengrasmücke *(Sylvia borin)*

Gartengrasmücken besiedeln mit Vorliebe lichte Wälder, die Uferbereiche von stehenden Gewässern sowie große Gärten, in denen sich zahlreiche kleinere Gehölze befinden.

Im Sommerhalbjahr besiedelt die ca. 14 cm große Gartengrasmücke ein Gebiet, das sich mit Ausnahme der Mittelmeerländer und Teilen Nordskandinaviens auf ganz Europa erstreckt und bis nach Westsibirien reicht. Der Winter wird in Afrika, südlich der Sahara verbracht. Um den langen Flug in den Süden zu überstehen, fressen sich die Gartengrasmücken immer ziemlich umfangreiche Fettreserven an. Dadurch sind sie nicht gezwungen, in den unwirtlichen Gebieten der Sahara nach Nahrung zu suchen.

Die Brutzeit erstreckt sich von Mai bis Juni. Nach 11–12 Bruttagen schlüpfen die Jungen aus dem 4–5 Eier umfassenden Gelege. Sie werden ausschließlich mit kleiner tierischer Nahrung gefüttert und sind nach etwa zwei Wochen flügge. Die Altvögel fressen außer der tierischen Nahrung gelegentlich Beeren, Früchte und Nektar.

Gartengrasmücke

Dorngrasmücke *(Sylvia communis)*

Die Dorngrasmücken gehören zu den Langstreckenziehern, die im Herbst über die Mittelmeerländer in Gebiete südlich der Sahara fliegen, um dort den Winter zu verbringen.

Wie bei den meisten Vertretern aus der Gattung der Grasmücken handelt es sich auch bei der 14 cm großen Gartengrasmücke um einen recht unscheinbar gefärbten Vogel, dessen sommerliches Verbreitungsgebiet sich mit Ausnahme Nordskandinaviens auf ganz Europa erstreckt und bis nach Westsibirien reicht. Dorngrasmücken siedeln sich gern in offenem, von Sträuchern durchzogenem Gelände, an Feldrainen, auf Ödland, in Sandgruben und Steinbrüchen sowie in größeren Gärten an.

Gebrütet wird zwischen Mai und August, wobei die Dorngrasmücken oft zwei Gelege pro Jahr aufziehen. Jedes dieser Gelege besteht aus 4–5 Eiern, aus denen nach etwa 15 Tagen die Jungen schlüpfen. Diese benötigen weitere 14 Tage bis zum Flüggewerden. Ganz nach Grasmückenmanier ernähren sich auch die Dorngrasmücken vorwiegend von kleinen tierischen Komponenten, wie Insekten und Spinnen. Als Ergänzung werden gelegentlich einige Beeren gefressen.

Männliche Dorngrasmücke während ihres Gesangs

Dorngrasmücke auf einem Obstbaum

Zaungrasmücke *(Sylvia curruca)*

Während diese Art in früheren Zeiten fast nur offenes, mit dichten Sträuchern durchsetztes Gelände, Feldgehölze, Parkanlagen, Friedhöfe und Gärten besiedelte, findet sie sich in den letzten Jahrzehnten auch immer häufiger in Städten ein.

Bei der nur 11,5–12,5 cm großen Zaungrasmücke handelt es sich um die kleinste Vertreterin ihrer Gattung. Ihr sommerliches Verbreitungsgebiet erstreckt sich mit Ausnahme der meisten Mittelmeerländer, Nordskandinaviens und Teilen Großbritanniens auf ganz Europa und reicht bis nach Mittelsibirien und Nordchina. Den Winter verbringt dieser Vogel in Arabien oder südlich der Sahara.

Zwischen Mai und Juni wird zumeist in dichten, oft dornigen Sträuchern oder in Koniferen kurz über dem Boden ein napfförmiges Nest errichtet. Dieses besteht aus Grashalmen, Wurzeln, Haaren und Moos. Aus dem 3–5 Eier umfassenden Gelege, das beide Altvögel bebrüten, schlüpfen nach durchschnittlich zwölf Tagen die Jungen, die weitere 14 Tage bis zum Flüggewerden benötigen. Allerdings bleiben die Jungen auch danach noch für 2–3 Wochen in der Nähe ihrer Eltern und erhalten von diesen immer noch Nahrung.

Volkstümlich „Müllerchen" genannt

Die Zaungrasmücke wird auch häufig als Klappergrasmücke oder „Müllerchen" bezeichnet. Die erstgenannte Bezeichnung rührt von dem etwas klappernd wirkenden Gesang (der wie „telltelltell" klingt und zumeist nur 1,5–2 Sekunden dauert) her, während sich die zweite vom weißen Kehlgefieder ableitet.

Ihre vorwiegend aus Spinnen, weichhäutigen Insekten und deren Larven bestehende Nahrung erbeuten die Zaungrasmücken zumeist, während sie in Sträuchern herumhüpfen. Dabei geben sie fast ständig kurze Laute von sich, die wie „tze" klingen. Als Ergänzung zum tierischen Futter nehmen sie im Frühjahr gelegentlich Blütenpollen oder Nektar und im Sommer Beeren und andere kleine Früchte auf.

Zaungrasmücke beim Sammeln von Nistmaterial (oben)

Aufgrund ihres weißen Brustlatzes wird die Zaungrasmücke auch als „Müllerchen" bezeichnet.

Sperbergrasmücke *(Sylvia nisoria)*

Die Sperbergrasmücke kommt häufig in den gleichen Biotopen wie der zur Familie der Würger gehörende Neuntöter oder Rotrückenwürger *(Lanius collurio)* vor, sodass man beide Arten in gewisser Weise als „Nachbarn" ansehen kann.

Die 15,5–17 cm große Sperbergrasmücke lässt sich relativ einfach anhand ihrer gebänderten Körperunterseite sowie der gelben Iris identifizieren. Ihr sommerliches Verbreitungsgebiet erstreckt sich von Mitteleuropa bis zur Mongolei. Den Winter verbringen diese Vögel in Südarabien und Ostafrika. Sperbergrasmücken bevorzugen als Lebensräume Waldränder, die Ufersäume von kleinen Fließgewässern und sonnige, mit einigen Gehölzen bestandene Hanglagen.

Zwischen Mai und Juli wird gewöhnlich unmittelbar über dem Boden ein Nest errichtet, in das das Weibchen zumeist 4–5 Eier legt. Nach einer Brutdauer von 12–14 Tagen schlüpfen daraus die Nestlinge, die bis zum Flüggewerden weitere zwei Wochen benötigen. Die Nahrung der Sperbergrasmücken setzt sich vor allem aus Spinnen, weichen Insekten, deren Larven und verschiedenen Beerenarten zusammen.

Männliche Sperbergrasmücke

Rotkehlchen *(Erithacus rubecula)*

Beim Rotkehlchen handelt es sich nicht nur um einen ausgezeichneten Sänger, sondern auch um einen sogenannten Spötter, der den Gesang anderer Vögel, beispielsweise von Buchfinken, phasenweise imitieren kann.

Rotkehlchen gehören zu den Teilziehern.

Das etwa 14 cm große Rotkehlchen kommt in nahezu ganz Europa sowie Teilen Nordafrikas und des Orients vor, wo es unterholzreiche Wälder, Parks, Friedhöfe, Feldgehölze und Gärten besiedelt. Rotkehlchen gehören zu den Teilziehern.

Die in Mitteleuropa lebenden Rotkehlchen ziehen pro Jahr 2–3 Bruten auf. Ihr Nest errichten sie oft in Halbhöhlen, hohlen Bäumen und an Böschungen, aber manchmal auch in einer Gießkanne, die im Garten steht. Außerdem brütet das Rotkehlchen gern in verlassenen Nestern anderer Vögel sowie in Nistkästen mit zwei ovalen Einfluglöchern, die die Abmessungen von 32 x 50 mm haben. Das Gelege umfasst durchschnittlich 5–7 Eier, aus denen nach einer Brutzeit von zwei Wochen die Jungen schlüpfen, die anschließend bereits nach weiteren zwei Wochen flügge werden.

Eicheln als leckere Winternahrung

Während des Sommers besteht ihre Nahrung vorwiegend aus Insekten, deren Larven, Spinnen, Asseln, kleinen Schnecken und Würmern. Im Frühherbst erweitert sich das Nahrungsspektrum, da die Rotkehlchen dann immer häufiger Beeren und Samen fressen. Im Spätherbst und Winter stellen zerkleinerte Eicheln einen sehr wichtigen Nahrungsbestandteil dar. Außerdem suchen die Rotkehlchen in dieser Zeit oft Futterhäuschen auf, wo sie fast jede angebotene Nahrung akzeptieren.

Rotkehlchen bei der Fütterung eines jungen Kuckucks

Rotkehlchen sind ausgezeichnete Sänger – imitieren teils aber auch den Gesang anderer Singvögel.

Beliebter Kuckuckswirt

Das Rotkehlchen gehört zu den relativ häufigen Kuckuckswirten. Dabei ist das Verhalten dieses kleinen Singvogels gegenüber dem Kuckuck und dessen Ei recht interessant. So wird ein heimlich untergeschobenes Kuckucksei, das in Größe und Färbung deutlich von denen des Rotkehlchens abweicht, fast immer akzeptiert und in der Folge auch ausgebrütet. Ganz anders verhalten sich Rotkehlchen, wenn sie eines der etwa taubengroßen Kuckuckweibchen auf ihrem Nest oder nur in dessen Nähe bemerken. Dann beginnen die Rotkehlchen sofort, den deutlich größeren Brutparasiten zu attackieren, der daraufhin fast immer die Flucht ergreift.

Trauerschnäpper *(Ficedula hypoleuca)*

Beim Trauerschnäpper handelt es sich um einen 13 cm großen Vogel mit weißlichem Kehl-, Brust- und Bauchgefieder. In manchen Gegenden wird er auch häufig als Trauerfliegenschnäpper oder Trauerschnapper bezeichnet.

Sein Verbreitungsgebiet erstreckt sich von Mitteleuropa bis Westsibirien. Außerdem ist er in einigen Gegenden der Pyrenäenhalbinsel sowie in Nordafrika beheimatet. Im Herbst ziehen die Trauerschnäpper in ihre Winterquartiere, die sich im tropischen Afrika befinden.

Trauerschnäpper bevorzugen als Lebensräume lichte Wälder, Parks, Friedhöfe und Gärten. Zwischen Mai und Juni errichten sie ihr Nest am liebsten in Baumhöhlen. Fehlen solche, weichen sie auch auf Nistkästen aus. Das Gelege umfasst 4–7 Eier, aus denen nach 12–15 Tagen die Jungen schlüpfen, die 14 Tage bis zum Flüggewerden benötigen. Die Nahrung dieser Vögel besteht vorwiegend aus Insekten und Spinnen sowie zu einem geringeren Teil aus Sämereien und Beeren.

Der Trauerschnäpper wird oft auch als Trauerfliegenschnäpper bezeichnet.

Nach Fütterung der Jungen begibt sich dieser Trauerschnäpper auf erneute Nahrungssuche.

Sprosser *(Luscinia luscinia)*

Im Sommer nascht der Sprosser gelegentlich die Früchte des Holunders und Faulbaums und im Garten auch Brombeeren und Johannisbeeren. Ansonsten ernährt er sich überwiegend von Spinnen, Würmern sowie Insekten und deren Larven.

Der Sprosser ist der klassische Doppelgänger der Nachtigall und wird häufig mit ihr verwechselt.

Der recht unscheinbar gefärbte Sprosser erreicht eine Kopf-Rumpf-Länge von 16–17 cm. Sein sommerliches Verbreitungsgebiet erstreckt sich von Nord- und Osteuropa bis zum Balkan sowie nach Sibirien. Im Herbst ziehen diese Vögel ins östliche und südliche Afrika, um dort den Winter zu verbringen. Als Lebensraum bevorzugt der Sprosser mit dichten Strauchformationen bestandene Flussauen und Erlenbruchwälder.

Seine Brutzeit konzentriert sich auf die Monate April und Mai. Das dann errichtete Nest befindet sich fast immer am Boden oder zumindest in Bodennähe. Nach einer Brutzeit von etwa zwei Wochen schlüpfen aus dem zumeist 4–6 Eier umfassenden Gelege die Jungen, die oft schon 11–12 Tage später das Nest verlassen.

Doppelgänger des Sprossers

Der Sprosser wird oftmals mit der Nachtigall verwechselt. Im Unterschied zu ihr besitzt er jedoch ein diffus geflecktes Brustgefieder. Außerdem enthält sein Gesang zumeist nicht die flötenden „piü"-Töne der Nachtigall, die intensiv vorgetragen auch als „Schluchzen" bezeichnet werden.

Nachtigall *(Luscinia megarhynchos)*

Ihren Populärnamen verdankt die Nachtigall der Tatsache, dass sie ihren Gesang vor allem nachts beziehungsweise in den frühen Morgenstunden erklingen lässt. Das bedeutet jedoch nicht, dass sie nicht auch am Tag zu hören wäre.

Die Meistersängerin

Aufgrund ihres sehr melodischen Gesangs wird die Nachtigall nicht nur von vielen Vogelliebhabern als „die Sängerin" schlechthin angesehen. Ihr Verbreitungsgebiet umfasst außer Skandinavien und Teilen Großbritanniens beinahe ganz Europa sowie das westliche Asien und Nordafrika. Im Herbst ziehen die Nachtigallen meist bis nach Ost- oder Zentralafrika, um dort den Winter zu verbringen. Sie bevorzugen als Lebensräume Laubwälder mit viel Unterholz, Parkanlagen, mit Efeu bewachsene alte Friedhöfe sowie große Gärten, die einen reichen Strauch- oder Heckenbestand aufweisen.

Die Brutzeit konzentriert sich auf die Monate Mai und Juni. Dann bauen die Nachtigallen zumeist am Boden, seltener in niedrigen Sträuchern ihre Nester, um darin durchschnittlich fünf Eier zu legen. Diese werden 14 Tage lang ausschließlich vom Weibchen bebrütet, das in dieser Zeit vom Männchen mit Nahrung versorgt wird. Letzteres beteiligt sich auch an der Fütterung der Nestlinge, die bis zum Flüggewerden 12–13 Tage benötigen. Die Nahrung, die hauptsächlich aus Spinnen und Insekten besteht, erbeuten die Nachtigallen zumeist am Boden. Im Sommer naschen sie manchmal an verschiedenen Beerenfrüchten, ohne dass diese jedoch zur Hauptnahrung werden.

Nachtigall

Blaukehlchen *(Luscinia svecica)*

Von diesem zur Familie der Fliegenschnäpper gehörenden Vogel existieren zwei verschiedene Unterarten, nämlich das Weißstern-Blaukehlchen *(Luscinia svecica cyanecula)* und das Rotstern-Blaukehlchen *(Luscinia svecica svecica).*

Wie es bereits die Populärbezeichnungen dieser Vögel verraten, besitzt die eine Unterart einen weißen und die andere einen rostroten Kehlfleck. Außerdem brütet das Rotstern-Blaukehlchen in Nordeuropa und den Alpen, während das Weißstern-Blaukehlchen Mittel-, Ost- und Südosteuropa besiedelt. Am Ende des Sommers ziehen die Blaukehlchen in ihre Überwinterungsgebiete, die sich in Vorderasien sowie Nord- und Nordostafrika befinden.

Blaukehlchen brüten am liebsten in sumpfigem, mit Weiden- oder Erlenbüschen bestandenem Gelände, wo sie ihre 5–7 Eier enthaltenden Nester am Boden platzieren. Die Fütterung der Jungen erfolgt mit Spinnen und kleinen Insekten sowie deren Larven. Am Ende des Sommers fressen die Blaukehlchen manchmal auch Beeren und kleine Steinfrüchte.

Rotstern-Blaukehlchen

Weißstern-Blaukehlchen

Steinschmätzer *(Oenanthe oenanthe)*

Steinschmätzer haben sich als hervorragende Langstreckenflieger erwiesen, die beispielsweise im Direktflug über den Atlantik von Grönland bis nach Spanien fliegen können.

Das sommerliche Verbreitungsgebiet umfasst neben Grönland ganz Europa, Nordwestafrika, Asien und Nordamerika, wo dieser Vogel Ödland, Kahlschläge, Felder, Gärten sowie steiniges und steppenartiges Gelände besiedelt. Den Winter verbringen die Steinschmätzer im tropischen Afrika. Gebrütet wird im Mai. Zu diesem Zweck errichten die Steinschmätzer zumeist dicht über dem Boden ein Nest in Höhlen oder Halbhöhlen. Aus dem 5–6 Eier umfassenden Gelege schlüpfen nach 14 Tagen die Nestlinge, welche nach weiteren 14 Tagen flügge werden. Während dieser Zeit werden sie von den Altvögeln ausschließlich mit tierischer Nahrung, vor allem Insekten, Spinnen, kleinen Schnecken und Würmern gefüttert. Im Spätsommer nehmen Steinschmätzer auch Beeren auf.

Steinschmätzer mit Nahrung für seine Jungen (oben)

Männlicher Steinschmätzer (links)

Weiblicher Steinschmätzer (rechts)

Hausrotschwanz *(Phoenicurus ochruros)*

Die wärmere Jahreszeit verbringen die oftmals auch als Hausrotschwänzchen bezeichneten Hausrotschwänze in einem Gebiet, das sich von West- über Mittel- bis nach Südeuropa erstreckt.

Männlicher Hausrotschwanz

Nest mit jungen Hausrotschwänzen

Bei Hausrotschwänzen handelt es sich um sogenannte Wartejäger, die auf erhöhten Ansitzen ausharren, um sich auf vorbeifliegende Insekten zu stürzen. Ursprünglich besiedelte der bis zu 14 cm lange Hausrotschwanz vorwiegend felsiges Gelände in sonnenexponierten Lagen. In den letzten Jahrzehnten entwickelte er sich aber immer stärker zu einem Kulturfolger, den man inzwischen sehr häufig in Ortschaften und Gärten antreffen kann.

Bei jeder der beiden Bruten pro Jahr legen die Weibchen 4–6 Eier. Diese werden durchschnittlich ca. 14 Tage lang bebrütet. Nachdem die Nestlinge geschlüpft sind, benötigen sie 15–17 Tage bis zum Flüggewerden. Während dieser Zeit versorgen sie die Altvögel mit Nahrung, die vorwiegend aus kleinen Insekten und Spinnen besteht. Ergänzend verfüttern die Altvögel auch Beeren und Früchte.

Während viele Hausrotschwanz-Populationen in West- und Südeuropa den Winter in ihren Brutgebieten verbringen, ziehen die allermeisten Exemplare aus den restlichen Gebieten im Herbst in die Anrainerländer des Mittelmeers.

Gartenrotschwanz *(Phoenicurus phoenicurus)*

Der im Unterschied zum Hausrotschwanz kräftiger gefärbte und gleichzeitig dunkler wirkende Gartenrotschwanz gehört leider zu denjenigen Arten, die in Mitteleuropa seit etwa vier Jahrzehnten eine rückläufige Bestandsentwicklung aufweisen.

Weibchen des Gartenrotschwanzes

Während des Sommers konzentriert sich das Verbreitungsgebiet des auch als Gartenrotschwänzchen bezeichneten Gartenrotschwanzes auf nahezu ganz Europa sowie große Teile Sibiriens, Nordafrikas und Vorderasiens, wo Wälder, Parkanlagen und Gärten besiedelt werden.

Oftmals erfolgen zwei Bruten pro Jahr, wobei die einzelnen Gelege aus 6–7 Eiern bestehen. Bis zum Schlüpfen der Nestlinge vergehen etwa zwei Wochen und anschließend dauert es noch einmal so lange, bis diese flügge sind. Die Aufzucht erfolgt vorwiegend mit tierischer Nahrung, die hauptsächlich aus Schmetterlingen besteht und durch andere Insekten, Würmer, Schnecken und Spinnen ergänzt wird. Gelegentlich nehmen die Altvögel nicht nur selbst einige Beeren oder andere Früchte auf, sondern verfüttern diese auch an ihre Jungen.

Sobald sich der Sommer seinem Ende zuneigt, verlassen die Gartenrotschwänze allmählich ihre Sommerquartiere, um tief ins Innere Afrikas zu fliegen, wo sie die Wintermonate verbringen.

Männchen des Gartenrotschwanzes

Braunkehlchen *(Saxicola rubetra)*

Als Lebensräume bevorzugt das Braunkehlchen feuchte Wiesen, Bahndämme, nicht zu trockene Heidelandschaften und Moore. Sein Nest errichtet dieser Vogel immer in einer im hohen Gras versteckten Bodenmulde.

Das sommerliche Verbreitungsgebiet des 12,5 cm großen Braunkehlchens beginnt in Nordspanien und erstreckt sich über nahezu ganz Europa bis nach Westsibirien und Südwestasien.

Während der sich von Mai bis August erstreckenden Brutzeit legt das Weibchen 4–7 Eier. Nach einer Brutdauer von 12–15 Tagen schlüpfen die Nestlinge, die nach knapp zwei Wochen flügge werden. Die Jungen werden ausschließlich mit Insekten, Spinnen und Würmern ernährt, während die Altvögel auch gelegentlich Beeren aufnehmen. Im September ziehen die Braunkehlchen in ihre südlich der Sahara gelegenen Winterquartiere.

Männliches Braunkehlchen

Weibliches Braunkehlchen

Stimmenimitator

Der Gesang des Braunkehlchens erinnert an den des Hausrotschwanzes. Außerdem ahmt das Braunkehlchen oft die Laute anderer Vogelarten täuschend ähnlich nach.

Schwarzkehlchen *(Saxicola rubicola)*

Dieser 12,5 cm große Vogel wird unter Vogelkundlern als Europäisches Schwarzkehlchen bezeichnet, da es die Schwesterart des Sibirischen Schwarzkehlchens *(Saxicola maura)* darstellt.

Männchen des Europäischen Schwarzkehlchens. Seine Brust ist etwas intensiver rot gefärbt als die des Sibirischen Schwarzkehlchens.

Weibchen des Europäischen Schwarzkehlchens

Männchen des Sibirisches Schwarzkehlchens

Das Verbreitungsgebiet des Schwarzkehlchens erstreckt sich von Nordafrika über weite Teile Europas. In Skandinavien tritt es allerdings nur als Irrgast auf. Schwarzkehlchen besiedeln am liebsten offene Flächen in Mooren und Heidelandschaften. Sie ernähren sich von Insekten, Spinnen und Würmern, die sie zumeist am Boden erbeuten.

Zwischen Anfang April und August werden oft zwei Bruten aufgezogen, wobei sich die Nester meist gut versteckt am Boden befinden. Die einzelnen Gelege bestehen aus 4–6 Eiern, aus denen nach knapp zwei Wochen die Jungen schlüpfen. Bis zu ihrem Flüggewerden vergehen weitere zwei Wochen. Den Winter verbringen die Schwarzkehlchen entweder in ihren Brutgebieten oder sie ziehen in den Mittelmeerraum.

Bartmeise *(Panurus biarmicus)*

Die 15 cm große Bartmeise ist, wie man im ersten Moment glauben könnte, kein Vertreter der Meisen, sondern entweder ein Verwandter der Papageienschnäbel (Paradoxornithidae) oder sie bildet eine ganz eigene Familie.

Ihren Populärnamen erhielt sie aufgrund einer nur bei den erwachsenen Männchen vorhandenen, zwischen Schnabel und Auge beginnenden schwarzen Zeichnung, die spitz nach unten ausläuft und mit etwas Fantasie einem Schnurrbart ähnelt. In Mitteleuropa existieren nur punktuelle Populationen, während sie in Mittelasien, Sibirien und Teilen Chinas weitgehend flächendeckend vorkommen.

Als Lebensraum werden sumpfige Gebiete bevorzugt, wo diese Meisen oft in kleinen Kolonien zwischen Röhrichtstängeln ihre Nester bauen, in die sie 5–7 Eier legen. Die Fütterung der Nestlinge erfolgt mit winzigen Insekten sowie Spinnen, die im Sommer auch die Hauptnahrung der Altvögel sind. Zumeist überwintern die Bartmeisen in ihren Brutgebieten. Während der kälteren Jahreszeit suchen sie gelegentlich Futterhäuschen in Gärten auf, um zusätzliche Sämereien zu fressen, die die wichtigste Winternahrung darstellen.

Die Bartmeise ist kein Vertreter der Meisenfamilie.

Schwanzmeise *(Aegithalos caudatus)*

Diese Art errichtet in Sträuchern oder Astgabeln ihre sehr kunstvoll wirkenden, annähernd kugelförmigen Nester, in die dann sogar auch Spinnweben mit eingearbeitet werden.

Schwanzmeisen sind in einem Gebiet verbreit, dass nahezu ganz Europa umfasst und sich bis in den Orient sowie nach Sibirien und in einige Regionen Chinas erstreckt. Die Vögel, die außerhalb der Brutzeit oft in Gruppen von 10–30 Individuen herumstreichen, bevorzugen feuchte Laub- und Mischwälder, Parks, Streuobstwiesen und Gärten mit einem umfangreichen Baumbestand als Lebensräume.

Aufzucht in kunstvollen Nestbauten

Jährlich erfolgen fast immer zwei Bruten. Das Gelege besteht aus 6–12 Eiern, die etwa zwei Wochen lang bebrütet werden. Nach dem Schlüpfen benötigen die Jungvögel, die ausschließlich mit kleinen Spinnen, Insekten sowie deren Larven und Eiern gefüttert werden, 16–18 Tage, bis sie flügge sind.

Auch für die Altvögel stellen tierische Komponenten die wichtigste Nahrung dar, welche durch pflanzliche Bestandteile, beispielsweise Sämereien, Beeren, Flechten und Knospen, ergänzt wird. In Mitteleuropa verbringen Schwanzmeisen den Winter in ihrem Brutgebiet. Zu diesen gesellen sich manchmal noch Exemplare, die aus Osteuropa hinzukommen.

Schwanzmeise auf winterlicher Futtersuche

Schwanzmeise mit erbeutetem Insekt

Tannenmeise *(Periparus ater)*

Tannenmeisen brüten zweimal pro Jahr in kleinen Höhlen aller Art. Falls nichts anderes vorhanden ist, begnügen sie sich bei ihrer Brut sogar mit verlassenen Mäusebauen.

Mit Ausnahme der nördlichen Regionen Europas und Asiens erstreckt sich das Verbreitungsgebiet der Tannenmeise von Frankreich bis Japan. Außerdem kommt sie noch in einigen Gebieten Chinas und Nordafrikas vor. Obwohl die Tannenmeise Nadelwälder als Lebensräume bevorzugt, werden häufig auch Mischwälder, Parks und Gärten besiedelt.

Tannenmeise und Kohlmeise (rechts) bei einem gemeinsamen Bad

Das Gelege umfasst 8–10 Eier, aus denen nach 15 Tagen die Nestlinge schlüpfen, die von beiden Eltern vorzugsweise mit kleiner tierischer Nahrung gefüttert werden. In der Nahrung der Altvögel stellen auch Sämereien, allem voran die Samen von Nadelbäumen, einen wichtigen Bestandteil dar.

Überwinterung

Die mittel- und westeuropäischen Tannenmeisen überwintern fast immer in ihren Brutgebieten. Außerdem finden sich in diesen Gebieten während der Wintermonate oft noch große Schwärme von Tannenmeisen aus dem östlichen und nordöstlichen Europa ein.

Die Tannenmeise besitzt einen charakteristischen weißen Nackenstreifen.

Blaumeise *(Cyanistes caeruleus)*

Als Nistmöglichkeit wählen Blaumeisen fast immer einen Nistkasten oder eine Baumhöhle. Den anschließenden Bau des Nestes bewältigt das Weibchen ganz allein ohne das Männchen.

Einer der häufigsten Vögel Mitteleuropas

Die Blaumeise, die etwa eine Kopf-Schwanz-Länge von 11 cm erreicht und damit um rund 3 cm kleiner ist als die Kohlmeise, gehört zu den häufigsten Vogelarten Mitteleuropas. Ihr Verbreitungsgebiet ist jedoch noch weitaus größer und erstreckt sich mit Ausnahme von einigen Teilen Skandinaviens auf ganz Europa sowie Vorderasien und die am Mittelmeer gelegenen Länder Nordafrikas. Sie besiedelt vorzugsweise Wälder, Feldgehölze, Parks, Streuobstwiesen und Gärten, die zahlreiche Gehölze aufweisen.

Blaumeisen können pro Jahr häufig zwei Bruten aufziehen. Das Weibchen legt pro Brut bis zu zwölf Eier, aus denen nach ungefähr 14–15 Tagen die Jungen schlüpfen. An der Fütterung der Jungen beteiligen sich beide Altvögel, die während der Tagstunden nahezu ununterbrochen tierische Nahrung heranschleppen. Diese besteht vorwiegend aus Spinnen, Blattläusen und sonstigen kleineren Insekten sowie deren Larven. Blaumeisen bleiben im Winter fast immer in ihrem Brutgebiet, wo sie bei Schnee und starken Frost gern Futterhäuschen anfliegen.

Blaumeise mit Larve im Schnabel

Ein super Kletterer und Meisterturner

Die Futtersuche erfolgt zumeist an Gehölzen, wobei sich die Blaumeisen, wie übrigens auch alle anderen Meisenarten, als äußerst geschickte Kletterer und Turner erweisen. Auch wenn die Zweige, auf denen sich diese Vögel gerade niedergelassen haben, stark schaukeln oder wippen, wird das überhaupt nicht als störend empfunden.

Blaumeisen während des Badens

Natürliche Bruthöhle einer Blaumeise

Das „Eigenheim" wird energisch verteidigt

Nachdem sich ein Blaumeisenpärchen im Frühjahr für eine natürliche Bruthöhle beziehungsweise einen Nistkasten als „Eigenheim" entschieden hat, beziehen sie dieses nicht sofort, sondern fliegen es anfangs nur mehrmals täglich an, um nach dem Rechten zu schauen. Dabei picken sie auch fast jedes Mal ein wenig am Einflugloch herum. Stellen die Blaumeisen bei diesen Kontrollflügen fest, dass sich inzwischen andere Vögel in „ihrer" Höhle einquartiert haben, werden sie energisch attackiert, wonach diese fast immer die Flucht ergreifen. Im Rahmen solcher Attacken vertreiben Blaumeisen sogar die deutlich größeren und massigeren Kohlmeisen.

Haubenmeise *(Lophophanes cristatus)*

Aufgrund der kleinen, auf dem Scheitel befindlichen Federhaube hätte man den Populärnamen für diese Meisenart wohl kaum treffender wählen können.

Das Verbreitungsgebiet dieses Vogels erstreckt sich auf große Teile Europas und Westsibiriens, wo bevorzugt Nadel- und nur recht selten Mischwälder besiedelt werden. Gärten besucht die Haubenmeise, die ganzjährig in ihrem Brutrevier bleibt, zumeist nur in den Wintermonaten, um dann am Futterhäuschen zu fressen.

Jährlich erfolgen häufig zwei Bruten, wofür sich diese Meise eine kleine Baum-, Fels- oder Erdhöhle sucht. Das Gelege besteht aus 7–10 Eiern, die 13–15 Tage lang bebrütet werden. Die anschließende Fütterung der Nestlinge erfolgt ausschließlich mit kleinen Spinnen, Insekten sowie deren Larven und Eiern.

Nahrungswechsel

In den Sommermonaten dominieren auch bei den Altvögeln tierische Nahrungskomponenten. Im Spätsommer beginnen sie dann aber, immer mehr Sämereien, insbesondere von Nadelbäumen, aufzunehmen. Außerdem verstecken die Haubenmeisen zahlreiche Samen als Vorrat in der Borke von Bäumen.

Haubenmeise auf einem Nadelzweig

Trauermeise *(Poecile lugubris)*

Trauermeisen deponieren überschüssige Körnernahrung häufig als Vorräte in den Ritzen von Baumrinden oder auch ähnlichen Verstecken.

Gesellige Trupps

In der kälteren Jahreszeit rotten sich die Trauermeisen oft zu Trupps zusammen und streifen auf der Suche nach Nahrung umher. Diese besteht dann zumeist aus Sämereien, wobei die Trauermeisen auch in der Lage sind, relativ hartschalige Früchte, Nüsse und Samen zu öffnen.

Singende Trauermeise

Trauermeise im Frühjahr (unten)

Die Trauermeise ähnelt ein wenig der Weidenmeise, ist allerdings mit ungefähr 13–14 cm Länge deutlich größer als diese und außerdem an den Seiten dunkler gefärbt. Das natürliche Verbreitungsgebiet der Trauermeise erstreckt sich von Griechenland über die Türkei bis nach Vorderasien, wo sie bevorzugt Wein- und Obstgärten besiedelt.

Ihre Nester errichtet sie zumeist in Baumhöhlen oder in selteneren Fällen auch in Felsnischen. Das Gelege besteht aus 7–8 Eiern, aus denen nach etwa 14 Tagen die Jungen schlüpfen. Diese werden von den Altvögeln mit kleinen Insekten, Spinnen und Raupen ernährt.

Kohlmeise *(Parus major)*

Ganz nach Meisenart errichten diese Vögel in einer Baumhöhle oder einem Nistkasten ein Nest aus weichen, pflanzlichen Materialien und Federn, das zur Aufnahme der 8–10 Eier dient. Aus diesen schlüpfen nach 12–15 Tagen die Nestlinge, die anschließend bis zu drei Wochen von beiden Eltern mit kleiner tierischer Nahrung versorgt werden.

Eine Kohlmeise genießt den Frühling.

Nahezu überall häufig

Das Verbreitungsgebiet der Kohlmeise erstreckt sich mit Ausnahme einiger Teile Skandinaviens auf ganz Europa, Vorderasien, Sibirien und die am Mittelmeer gelegenen Länder Nordafrikas. Die Kohlmeise lebt sowohl in Wäldern, Parkanlagen, Streuobstwiesen als auch Gärten, die einen umfangreichen Gehölz- beziehungsweise Heckenbestand aufweisen.

Ab Herbst meist Vegetarier

Im Sommer fressen auch die erwachsenen Kohlmeisen fast ausschließlich kleinere Insekten und deren Larven sowie Spinnen. Sobald es Herbst wird, integrieren sie zunehmend Früchte, Nüsse und Sämereien in ihr Nahrungsrepertoire. Im Winter bleiben die meisten Exemplare in ihren Brutgebieten. Sie bilden dann manchmal mit anderen Meisenarten kleinere Schwärme, um gemeinsam nach Futter zu suchen. Gefüllte Futterhäuschen, Futterringe, ungesalzene Fettstücke und Meisenknödel nehmen sie in dieser Zeit immer gern an.

Doppelgängerinnen

Die klassische Doppelgängerin der Kohlmeise ist die Tannenmeise *(Periparus ater)*, der sie in ihrer Färbung stark ähnelt. Der markanteste Unterschied zwischen beiden Arten besteht in der Hinterhaupts- und Nackenfärbung. Während diese bei der Kohlmeise einheitlich lackschwarz ist, besitzt die Tannenmeise einen breiten weißen Längsstreifen, der sich deutlich vom restlichen Nackengefieder abhebt.

Kohlmeisen bei der Jungenaufzucht: Die Elternvögel säubern die Nisthöhle und tragen Futter heran.

Im Herbst integrieren Kohlmeisen auch Früchte in ihre Nahrung (unten).

Sicherheit geht über alles

So mancher Gartenbesitzer ärgert sich darüber, dass die Kohlmeisen zur Futtersuche in den Nachbargarten fliegen, obwohl doch auf dem eigenen Grundstück, manchmal sogar direkt unter der Bruthöhle oder dem aufgehängten Nistkasten genügend „Ungeziefer" vorhanden wäre. Dieses Verhalten legen die Kohlmeisen aus Sicherheitsgründen an den Tag. Indem sie mit der Futtersuche oft erst in 10–15 m Entfernung von ihrer Brutstätte beginnen, wollen sie diese in gewisser Weise tarnen und somit potenziellen Nesträubern nicht den Weg zu ihrem Gelege beziehungsweise den Nestlingen zeigen.

Weidenmeise *(Poecile montana)*

Im Unterschied zu anderen Meisenarten beziehen Weidenmeisen zum Brüten nur selten bereits vorhandene Höhlen, sondern meißeln diese zumeist „in Eigenleistung" in morsche Bäume.

Das Verbreitungsgebiet der auch als Mönchsmeise bezeichneten Weidenmeise erstreckt sich mit Ausnahme einiger skandinavischer und russischer Regionen von Europa über Kleinasien und Sibirien bis nach Japan. Außer in Mischwäldern, Erlenbrüchen und oft sumpfigen Auenlandschaften siedelt sich auch diese Meisenart gelegentlich in gehölzreichen Gärten an.

Ihr Nest errichtet die Weidenmeise aus weichen Materialien, wie etwa Gräsern, Moos und Federn. Anschließend wird das 8–10 Eier umfassende Gelege darin platziert. Die Jungen schlüpfen nach etwa zwei Wochen. Ihre Fütterung, an der sich beide Eltern beteiligen, erfolgt fast ausnahmslos mit kleinen Insekten und deren Larven sowie Spinnen. Als Erwachsene fressen diese Meisen in der kälteren Jahreszeit viele Sämereien und Beeren. Den Winter verbringen die Weidenmeisen immer in ihren Brutgebieten.

Weidenmeise

Sumpfmeise *(Poecile palustris)*

Während die meisten anderen Meisenarten pro Jahr fast immer zwei oder gar drei Bruten aufziehen, begnügt sich die Sumpfmeise gewöhnlich mit nur einer Aufzucht pro Saison.

Der Populärname der manchmal auch als Nonnenmeise bezeichneten Sumpfmeise ist eigentlich etwas irreführend, denn diese Art besiedelt nicht nur sumpfiges Gelände, sondern lebt oft auch in trockenen Wäldern, an Waldrändern, in Feldgehölzen, in Parks, auf Streuobstwiesen und in Gärten.

Gebrütet wird in Baumhöhlen oder Nistkästen. Das Gelege besteht aus 5–10 Eiern, die 15 Tage lang bebrütet werden. Während die Jungen fast ausschließlich mit kleiner tierischer Nahrung gefüttert werden, ernähren sich die Altvögel zum Teil auch von Samen, die im Sommer oft von Kräutern und Gräsern stammen. Im Winter bevorzugen die Sumpfmeisen fettreichere Sämereien. Die Überwinterung erfolgt fast ausnahmslos im Brutgebiet.

Doppelgängerinnen

Die Doppelgängerin der Sumpfmeise ist die Weidenmeise *(Poecile montana)*. Letztere wirkt jedoch etwas kräftiger und hat außerdem auf jeder Flügeldecke eine helle, annähernd dreieckige Zeichnung.

Sumpfmeise mit ihrer typischen Kopffärbung

Die Sumpfmeise wird gelegentlich auch als Nonnenmeise bezeichnet.

Kleiber *(Sitta europaea)*

Als Nahrung bevorzugt der Kleiber Insektenlarven, die er häufig zwischen den Ritzen der Baumrinde sucht. Dabei bewegt er sich mit nach unten gerichtetem Kopf in einem oft beachtlichen Tempo.

Der 14 cm lange Kleiber wird des Öfteren auch als Spechtmeise bezeichnet. Sein Verbreitungsgebiet erstreckt sich auf fast ganz Europa sowie große Teile Sibiriens und einige Regionen Nordafrikas. Mit Vorliebe besiedelt dieser äußerst geschickte Kletterer lichte Wälder, Parkanlagen, größere Streuobstwiesen und Gärten mit alten Baumbeständen.

Schnabelgerechte Nahrung

Neben Insektenlarven stehen bei den Kleibern auch voll entwickelte Insekten und Spinnen hoch im Kurs. Größere erbeutete Tiere, wie etwa Käfer, werden fast immer in eine Rindenspalte geklemmt, um anschließend „schnabelgerechte Brocken" davon abzuhacken.

Falls in der kalten Jahreszeit nicht mehr genügend tierische Nahrung vorhanden ist, fressen die Kleiber auch verschiedene Samen, Beeren und Haselnüsse. Letztere werden ähnlich wie größere Beutetiere in Rindenspalten eingeklemmt und mit sehr kräftigen Schnabelhieben „aufgemeißelt".

Kleiber – ein mittelalterlicher Beruf

Der Begriff „Kleiber" leitet sich von einem im Mittelalter weit verbreiteten Handwerksberuf ab: Die Kleiber waren damals für den Bau von Lehmwänden zuständig. Und Lehm spielt auch im Leben dieses Vogels eine große Rolle, denn die Kleiber benutzen dieses Material, um den Eingang ihrer Bruthöhlen so weit „zuzumauern", dass sie gerade selbst noch hindurchpassen. Auf diese Weise sichern sie ihre Brutstätte weitgehend vor Plünderungen durch Katzen, Marder und Krähen.

Dieses Astloch wurde von dem Kleiber als Bruthöhle auserkoren (oben).

Der Kleiber wird gelegentlich auch als Spechtmeise bezeichnet.

Das Vogelnest besteht aus trockenem Pflanzenmaterial, kleinen Borkenstücken und Federn als Polstermaterial. Zwischen April und Mai legt das Weibchen 6–8 Eier, aus denen nach etwa zwei Wochen Brutdauer die Jungen schlüpfen. Diese werden anschließend 3,5 Wochen von den Altvögeln gefüttert. Kleiber sind keine Zugvögel, sondern sind weitgehend standorttreu. Deshalb finden sie sich an besonders kalten Wintertagen sogar gelegentlich am Futterhäuschen ein.

Kleiber bleiben auch im Winter in ihrem Brutgebiet (linke Seite).

Gartenbaumläufer *(Certhia brachydactyla)*

Beim Gartenbaumläufer handelt es sich um einen 12 cm großen Vogel, der in seiner Körperform und seinem Verhalten ein wenig an den nicht mit ihm verwandten Kleiber erinnert.

Mausartige Bewegungen

Er klettert mit fast mausartigen Bewegungen an den Bäumen herum, um mit seinem spitzen Schnabel winzige Insekten, deren Larven und Spinnentiere aus den Borkenritzen herauszupicken. Das Verbreitungsgebiet des Gartenbaumläufers erstreckt sich von Nordafrika über Süd- und Mitteleuropa bis zum Vorderen Orient. Außer in Wäldern kommt diese Vogelart auch gelegentlich in Gärten, auf alten Friedhöfen und in Parks vor.

Gartenbaumläufer brüten oft zweimal pro Jahr, wobei sich die Brutzeit von April bis Juli erstreckt. Das Nest wird hinter zum Teil gelösten Rindenstücken oder in Baumritzen platziert. Das Gelege umfasst 5–7 Eier, die vom Weibchen insgesamt 14 Tage lang bebrütet werden. Die dann schlüpfenden Nestlinge benötigen bis zum Flüggewerden abermals 14 Tage.

Der Gartenbaumläufer ist vom Waldbaumläufer eigentlich nur sicher anhand des Gesangs zu unterscheiden.

Waldbaumläufer *(Certhia familiaris)*

Von seinem Vetter, dem Gartenbaumläufer, ist der Waldbaumläufer optisch so gut wie nicht zu unterscheiden, weshalb man beide Arten fast nur an ihrer Stimmen identifizieren kann.

Die Stimme des Waldbaumläufers, der nicht so häufig ruft, hört sich weicher an und klingt wie ein heißeres „srihih", während der Gartenbaumläufer entweder ein zartes „sit", „ti ti ti" oder ein „titiritit" ertönen lässt. Das Verbreitungsgebiet des Waldbaumläufers beginnt in Großbritannien und erstreckt sich mit Ausnahme Nordskandinaviens über Mitteleuropa und die gemäßigten Klimaregionen Asiens bis nach Nord- und Mittelamerika.

Zwischen März und Juli brütet der Waldbaumläufer, der oft zwei Bruten pro Jahr aufzieht, seine 5–8 Eier umfassende Gelege aus. Nach 14 Tagen schlüpfen die Nestlinge, die nach weiteren 14–15 Tagen das Nest verlassen. Die Nahrung dieses Vogel besteht, ähnlich wie die des Gartenbaumläufers, aus Insekten, deren Larven und kleinen Spinnen, die mit dem Schnabel aus der Borke gezogen werden.

Ein Waldbaumläufer klettert die Baumrinde empor.

Rotrückenwürger *(Lanius collurio)*

Aufgrund seines ähnlichen Aussehens wird das Weibchen des auch als Neuntöter oder Dorndreher bezeichneten Rotrückenwürgers von Unkundigen gelegentlich für einen Haussperling gehalten.

Der Rotrückenwürger, hier ein Männchen, wird auch als Neuntöter oder Dorndreher bezeichnet.

Mit Bankräuber-Maske

Aber das dunkle „Bankräuber-Augenband" stellt ein Merkmal dar, an dem sich der Rotrückenwürger – sowohl männlich als auch weiblich – eindeutig identifizieren lässt. Das Verbreitungsgebiet dieses Vogels erstreckt sich mit Ausnahme der Pyrenäenhalbinsel, Großbritanniens und großen Teilen Skandinaviens auf ganz Europa und die gemäßigten Klimaregionen Asiens. Dabei werden bevorzugt offene oder von Gehölzgruppen durchzogene Landschaften sowie auch Streuobstwiesen und Waldränder besiedelt. Die Überwinterung erfolgt im zentralen und südlichen Afrika.

Die Brutzeit erstreckt sich von Mai bis Juni. Das Nest wird meist nur in bis zu 2 m Höhe in einem Strauch oder Baum errichtet. Nach einer gut zweiwöchigen Brutzeit schlüpfen aus dem 4–6 Eier umfassenden Gelege die Nestlinge, die nach weiteren 16 Tagen flügge sind. Die Nahrung besteht aus Insekten, jungen Mäusen und manchmal kleinen Reptilien.

Der Rotkopfwürger, oben ein Pärchen, lässt sich anhand der rostbraunen Kopfhaube und des schwarzen Rückengefieders leicht vom Rotrückenwürger unterscheiden.

Weiblicher Rotrückenwürger

Raubwürger *(Lanius excubitor)*

Ganz nach Würgermanier spießt auch diese Art geschlagene Beutetiere gern an den Dornen von Sträuchern auf oder klemmt sie in kleinen Astgabeln ein. Mit einer Länge von etwa 25 cm ist der Raubwürger der größte Vertreter seiner Gattung.

Sein Verbreitungsgebiet beginnt in den Pyrenäen und erstreckt sich über Mittel- und Osteuropa, Teile Skandinaviens und die gemäßigten Klimaregionen Asiens bis nach Nordamerika. Außerdem ist er auch in Nordafrika heimisch. Raubwürger lieben offenes Gelände, das von Gehölzen durchsetzt ist, sowie Landstraßen, die von Bäumen gesäumt werden.

Die Brut erfolgt zwischen April und Mai, wobei die Gelege zumeist 4–7 Eier umfassen. Nach reichlich zwei Wochen schlüpfen daraus die Jungen, die bis zum Flüggewerden knapp 20 Tage benötigen. Die Nahrung des Raubwürgers besteht vor allem aus Mäusen, Spitzmäusen, kleineren Vögeln, Insekten und Würmern. In selteneren Fällen werden auch Reptilien und kleine Fische erbeutet.

Der Raubwürger ist der größte Vertreter der Gattung Lanius.

Nest mit jungen Raubwürgern

Pirol *(Oriolus oriolus)*

Während das Weibchen des auch als Goldamsel oder Vogel Bülow bezeichneten Pirols eine graugrüne Grundfärbung und schwarzgraue Flügeldecken besitzt, besticht das Pirolmännchen mit seiner saatgelben Grundfärbung und den lackschwarzen Flügeldecken.

Hoch in den Baumkronen

Sein Nest, das 3–5 Eier enthält, errichtet dieser Vogel in den Kronen hoher Bäume. Nach einer Brutzeit von 13–14 Tagen schlüpfen die Jungen, die vorwiegend mit Raupen, Schmetterlingen und sonstigen Insekten ernährt werden. Die Altvögel fressen außerdem gern Kirschen und süße Beerenfrüchte. Im Spätsommer ziehen die Pirole in ihre Winterquartiere, die sich südlich der Sahara befinden.

Männlicher Pirol

Das Verbreitungsgebiet erstreckt sich von Westeuropa bis nach Mittelasien und Nordafrika. In Skandinavien und Großbritannien fehlt der Pirol. Bevorzugt werden Laub- und Auenwälder, parkähnliche Landschaften sowie die unmittelbare Nähe von Ortschaften besiedelt, wo sich der Pirol gelegentlich auch in Gärten und Streuobstwiesen „verirrt".

Pirolweibchen am Nest

Kolkrabe *(Corvus corax)*

Kolkraben erreichen eine Länge von 63–64 cm und sind damit die größten Singvögel. Von der Aaskrähe unterscheiden sie sich nicht nur durch ihre Größe, sondern auch durch ihre wesentlich kräftigeren Schnäbel sowie ihre Rufe, die wie „kork", „rab" und „klong" klingen.

Ihr Verbreitungsgebiet erstreckt sich von den Anrainerstaaten des Mittelmeers über Skandinavien, den Balkan und Osteuropa bis nach Asien. Außerdem wurde dieser Vogel in Neuseeland eingeführt.

Zwischen Februar und April wird ein Nest auf einem Baum oder in einer Felsnische errichtet, das zur Aufnahme des 4–7 Eier umfassenden Geleges dient. Nach 20 Tagen schlüpfen die Nestlinge, die bis zum Flüggewerden zumeist weitere 40–42 Tage benötigen. Die Nahrung des Kolkraben besteht vorwiegend aus Tierkadavern. Außerdem fressen sie Wirbeltiere bis Hasengröße, Insekten und Würmer, Früchte, größere Körner (wie etwa Mais) und menschliche Nahrungsabfälle.

Sich streitende Kolkraben

Aas spielt als Nahrung für die Kolkraben eine wichtige Rolle.

Lieblingsvögel Odins

In der nordischen Mythologie sind Kolkraben die Lieblingsvögel des germanischen Hauptgottes Odin. Zwei stattliche Exemplare, Hugin und Munin, sitzen stets auf seiner Schulter beziehungsweise begleiten ihn überallhin.

Aaskrähe *(Corvus corone)*

Aaskrähen erreichen eine Kopf-Schwanz-Länge von knapp 50 cm. Obwohl sie die meiste Zeit des Jahres gern in der Gemeinschaft von Artgenossen verbringen, brüten sie niemals in Kolonien.

Zwei verschiedene Unterarten

Interessanterweise existieren von diesem Vogel zwei leicht zu identifizierende Unterarten, die als Rabenkrähe *(Corvus corone corone)* und als Nebelkrähe *(Corvus corone cornix)* bezeichnet werden. Während bei der Rabenkrähe der gesamte Körper einheitlich schwarz gefärbt ist, sind bei der Nebelkrähe Brust-, Bauch- und Rückenbereich schmutzig weißgrau. Außerdem besiedeln beide Unterarten weitestgehend unterschiedliche Sommerverbreitungsgebiete. Während die Rabenkrähe auf der Pyrenäenhalbinsel, in Frankreich und Mitteleuropa bis Norditalien heimisch ist, lebt die Nebelkrähe im restlichen Europa, wobei sich ihr Verbreitungsareal bis weit hinter den Ural erstreckt. In den Bereichen, wo die beiden Verbreitungsareale unmittelbar aneinandergrenzen, wie etwa entlang der Elbe, kommt es gelegentlich zu natürlichen Bastardierungen zwischen beiden Unterarten.

Aaskrähen besiedeln am liebsten offenes, mit Feldgehölzen durchsetztes Gelände. In Gärten und Gehöften finden sie sich vor allem ein, um

Rabenkrähe

Nebelkrähe

nach Nahrung zu suchen. Falls dabei die Möglichkeit besteht, stehlen sie gern junge Küken von Hühnern und Enten.

Zur Brutzeit, die sich von Ende März bis Mai erstreckt, besetzen die Paare, die zeitlebens eine monogame Beziehung eingehen, ein Revier. Dieses wird dann auch energisch gegen Artgenossen verteidigt. In ihrem Revier errichten die Aaskrähen zumeist auf einem sehr hohen Baum ein Nest aus Ästen und oft auch aus Siedlungsabfällen, das mit Schlamm und Kot fixiert wird. Die Nestmulde polstern die Aaskrähen anschließend mit Federn, Tierhaaren und Gräsern aus. Aaskrähengelege bestehen zumeist aus 4–6 Eiern. Nach einer Brutzeit von durchschnittlich etwa 19 Tagen schlüpfen daraus die Nestlinge, die anfangs ständig gehudert werden. Bis zum Flüggewerden benötigen die jungen Aaskrähen etwa 35 Tage.

Anspruchslose Kostgänger

Beide Eltern beteiligen sich an der Fütterung der Jungen. Zu diesem Zweck schleppen sie sowohl tierische als auch pflanzliche Komponenten heran, wie etwa Aas, kleine Wirbeltiere, Würmer, Schnecken, Sämereien und Früchte. Aaskrähen wühlen auch gern in Abfällen herum und verfüttern diese teilweise an die Jungen. Außerdem jagen sie anderen Vogelarten häufig Futter ab.

Im Spätherbst ziehen viele der im Norden lebenden Aaskrähen nach Mittel-, West- oder Südeuropa, um in diesen Gebieten den Winter zu verbringen.

Junge Rabenkrähe

Auf den Schnabel achten

Von der sehr ähnlich aussehenden Saatkrähe *(Corvus frugilegus)* unterscheidet sich die Aaskrähe vor allem durch die Färbung und Form ihres Schnabels. Dieser ist leicht konvex gebogen und immer komplett schwarz gefärbt.

Saatkrähe *(Corvus frugilegus)*

Saatkrähen erreichen eine Länge von 46 cm. Sie zählen zu den sogenannten Kulturfolgern, die sich seit einigen Jahrzehnten zunehmend in unseren Ortschaften ansiedeln.

Ihr Verbreitungsgebiet umfasst Mitteleuropa und die gemäßigten Klimaregionen Asiens, wo sie allerdings nicht in den Gebirgen zu finden sind. Außerdem wurde diese Art durch den Menschen in Neuseeland eingeführt. Zu den ursprünglichen Lebensräumen der Saatkrähen gehören vor allem Ackerbaugebiete, Wiesen sowie Weiden.

Das Brüten erfolgt in mehr oder weniger großen Kolonien, wobei die Nester auf sehr hohen Bäumen platziert werden. Die Eiablage erfolgt zwischen März und April. Die Gelege der Saatkrähen umfassen fast immer 3–6 Eier, aus denen nach etwa 18 Tagen dann die Nestlinge schlüpfen. Anschließend benötigen diese 35 Tage bis zum Flüggewerden.

Fliegende Saatkrähe

Saatkrähen fühlen sich in Gemeinschaft von Artgenossen sehr wohl (unten).

Die Nahrung der Saatkrähen besteht aus kleinen Wirbeltieren (inklusive Mäusen), Schnecken, Würmern, Insekten, Körnern, Nüssen und Beeren. Ist reichlich Nahrung vorhanden, legen Saatkrähen in Baumhöhlen, Borkenritzen oder unter Steinen kleine Vorratslager an.

Dohle *(Corvus monedula)*

Dohlen gehören zu den besten „Sprachkünstlern" unter den Rabenvögeln. Sie können nicht nur zahlreiche Worte nachsprechen, sondern sind sogar in der Lage Klingeltöne zu imitieren.

Dohlen erreichen meist eine Kopf-Schwanz-Länge von 33 cm und sind damit die kleinsten Vertreter der heimischen Rabenvögel. Mit Ausnahme großer Teile Skandinaviens besiedeln sie ganz Europa, Nordafrika sowie Asien bis weit nach Ostsibirien und Nordostindien. Sie lieben offenes, mit Baumgruppen und Hecken durchsetztes Gelände und siedeln sich auch gern in größeren Gärten und Ortschaften an. Exemplare aus dem nördlichen und östlichen Europa überwintern häufig auch in Mitteleuropa.

Dohle im Flug

Dohlenpaar (unten)

Gesellige Höhlenbrüter

Dohlen haben sich als gesellig nistende Höhlenbrüter erwiesen, die ihre Nester oft in Baumhöhlen und Mauerlöchern platzieren. Die Brutzeit erstreckt sich von April bis Mai. Aus den 5–7 Eier umfassenden Gelegen schlüpfen nach einer 17–18-tägigen Brutdauer die Nestlinge, die nach ungefähr 30–35 Tagen flügge werden. Die Nahrung der Dohlen besteht größtenteils aus Insekten, Schnecken, Würmern, Körnern und auch Obst.

Eichelhäher *(Garrulus glandarius)*

Im ersten Moment fällt es schwer zu glauben, dass der farbenprächtige Eichelhäher zur Familie der Rabenvögel (Corvidae) gehört, für deren Vertreter eher schlichte Gefiederfärbungen typisch sind.

Eichelhäher auf der Suche nach Nistmaterial

Ein Bussardimitator

In einigen Regionen Deutschlands und Österreichs nennt man den Eichelhäher auch Guthäher, Nussgackl oder Magolves. Eichelhäher geben häufig rätschende Laute von sich oder imitieren den Schrei eines Mäusebussards. Das Verbreitungsgebiet des bis zu 35 cm großen Eichelhähers erstreckt sich mit Ausnahme des hohen Nordens und Teilen Großbritanniens auf das restliche Europa, den Orient, Westasien und die Mittelmeerregionen Nordafrikas. Obwohl Wälder seine bevorzugten Lebensräume sind, findet er sich auch häufig in angrenzenden Gärten sowie auf Streuobstwiesen ein, um dort nach Nahrung zu suchen. Letztere ist sehr vielfältig. So werden neben Eicheln und Nüssen auch gern Kirschen, Beerenfrüchte, Insekten, Würmer, kleine Reptilien und Mäuse gefressen. Außerdem plündert der Eichelhäher mit Vorliebe die Nester kleiner Singvogelarten.

Eichelhäher im Flug

Eine lange Unselbstständigkeit

Eichelhäher brüten nur einmal pro Jahr. Im April wird auf einem Baum aus Zweigen und Grashalmen ein flaches Nest errichtet, in welches das Weibchen zumeist 4–7 graugrüne, mit bräunlichen Flecken besetzte Eier legt. Nach einer Brutdauer von etwa 16–20 Tagen schlüpfen die Nestlinge. Bis zu ihrem Flüggewerden vergehen weitere 21–23 Tage. Allerdings sind sie erst nach 6–7 Wochen völlig selbstständig. Mit Ausnahme der Exemplare aus den nördlichen Regionen bleiben die meisten Eichelhäher ganzjährig in ihren Brutgebieten.

Waldpolizist und Pflanzer

Scherzhaft wird der Eichelhäher häufig als Polizist des Waldes bezeichnet und ist vielen nach Wild pirschenden Jägern ein Dorn im Auge. Sobald der Eichelhäher nämlich einen Menschen bemerkt, fliegt er oft hoch über diesen und veranstaltet dabei so ein Geschrei, dass alle Tiere flüchten. Außerdem betätigen sich Eichelhäher immer wieder als „Pflanzer", indem sie Eicheln, Nüsse und Kastanien als Vorräte im Boden und in morschen Baumstümpfen verstecken. Einen Teil davon finden sie nicht wieder und es keimen daraus oft frische Bäume.

Badender Eichelhäher mit aufgestelltem Scheitelgefieder

Elster *(Pica pica)*

In Gebieten, wo die Elster durch den Menschen verfolgt wird, erweist sie sich als äußerst wachsam und misstrauisch. Deshalb ist es fast unmöglich, sich diesem Vogel bis auf wenige Meter zu nähern.

Das natürliche Verbreitungsgebiet der Elster umfasst mit Ausnahme Islands ganz Europa und erstreckt sich über die gemäßigten Klimazonen Asiens bis nach Nordamerika sowie ebenso in den Vorderen Orient und nach Nordafrika.

Die Kopf-Schwanz-Länge der zu den Rabenvögeln gehörenden Elster beträgt ungefähr 45 cm, wobei der Schwanz deutlich länger als der restliche Körper ist. Elstern halten sich gern in der Nähe menschlicher Siedlungen auf, wo sie vor allem Parks,

Die Elster ist häufig eher misstrauisch.

Hecken, Alleen, Obstgärten und einzeln stehende Baumgruppen bewohnen. Elstern unternehmen so gut wie nie Wanderungen, sondern verbleiben ganzjährig in ihren Brutgebieten.

Unbeholfen kletternder Nachwuchs

Die Brutzeit erstreckt sich von März bis Mai. Dann wird im Wipfel eines sehr hohen Baumes ein überdachtes Nest errichtet, das äußerlich aus derben Reisern besteht. Die Nestmulde polstern die Elstern mit Gras, Moos oder Tierhaaren aus. Diese Nestkonstruktion ist so stabil, dass sie sogar einem Schrotschuss standhält. Das durchschnittlich 6–7, im Extremfall auch zehn Eier umfassende Gelege wird etwa 18–21 Tage lang bebrütet. Nach 3,5–4 Wochen verlassen die Jungen erstmals das Nest, wobei sie zumeist noch etwas unbeholfen auf dem Nestdach und im Geäst herumklettern.

Elster im Flug

Gehasst und geliebt

In der germanischen Mythologie fungiert die Elster als Götterbote und Lieblingsvogel der Todesgöttin Hel. Im Mittelalter sah man sie in Europa vielerorts als Hexen- und Unheilsvogel an, während sie in Asien schon immer als Glücksbringer galt. Einer ähnlich großen Beliebtheit erfreute sich die Elster auch bei vielen nordamerikanischen Indianerstämmen, die sie als einen Geist ansahen, der mit den Menschen in tiefer Freundschaft lebt.

Kükendiebe

Die Nahrung der Elstern besteht aus Insekten, Würmern, Aas, kleinen Reptilien und Amphibien, Mäusen, Schnecken, Obst und größeren Samenkörnern. Eine ganz besondere Vorliebe haben sie für Eier und nestjunge Vögel. Wann immer sich eine Gelegenheit bietet, erbeuten Elstern auch auf Bauernhöfen junge Küken.

Ein Trupp Elstern im Winter

Markant ist der lange Schwanz der Elstern.

Star *(Sturnus vulgaris)*

Zur Nahrungssuche formieren sich erwachsene Stare häufig zu Schwärmen. Neben tierischen Komponenten, wie etwa Regenwürmern und Nacktschnecken, fressen diese Vögel auch gern reife Kirschen, Äpfel und Weinbeeren. Zumeist wird das Obst aber nicht komplett verzehrt, sondern nur angehackt, wodurch dessen Marktwert erheblich sinkt.

Beim Star, der verhältnismäßig kurze Schwanzfedern besitzt, handelt es sich um einen sehr geselligen, bis zu 22 cm großen Vogel, dessen natürliches Verbreitungsgebiet sich von Europa bis zum sibirischen Baikalsee erstreckt. Neben Waldrändern, Feldgehölzen und Weidelandschaften siedelt er sich gern auf Bauerngehöften sowie in Gärten an, in denen zumindest einige große Bäume vorhanden sind.

Keine filigranen Nestkonstruktionen

Zwischen April und Juni errichten die Stare in einer Baumhöhle oder einem Nistkästchen ihr etwas unordentlich anmutendes Nest, das vorwiegend aus Blättern, trockenem Gras, Wurzeln, Haaren und Federn besteht. Anschließend legt das Weibchen 4–8 Eier, die 11–13 Tage bebrütet werden. Nach dem Schlüpfen werden die Nestlinge knapp drei Wochen lang von beiden Altvögeln mit Futter versorgt, das sich nahezu ausschließlich aus eiweißreichen, tierischen Komponenten, wie beispielsweise Insekten und Spinnen, zusammensetzt.

Der Star bevorzugt meist natürliche Bruthöhlen wie in diesem Baum.

Während Stare die kälteren Verbreitungsgebiete spätestens im Oktober verlassen, um in Richtung Südeuropa oder nach Nordafrika zu fliegen, zeigen sie in südlichen Regionen oft keine Zugaktivitäten. Sobald die Sonne Ende März etwas mehr Kraft besitzt und der Frühling allmählich Einzug hält, kehren die Stare anschließend auch wieder nach Mittel- und Nordeuropa zurück.

Schwer zu unterscheiden

Der Star gehört zu jenen Vogelarten, bei denen sich die Geschlechter nur schwer unterscheiden lassen: Das Gefieder der Weibchen glänzt geringfügig schwächer als das der Männchen. Außerdem ist das weibliche Gefieder der Kehl-, Bauch- und Brustregion leicht hell getüpfelt. Allerdings muss man sehr genau hinschauen, um diese Unterschiede wahrzunehmen!

Ein Schwarm Stare in der Abendsonne

Auch künstliche Nistkästen (unten) werden von Staren zur Aufzucht genutzt.

Fütterung am Starennest: Nistmöglichkeiten unter einem Dachvorsprung werden ebenfalls gern angenommen.

Haussperling *(Passer domesticus)*

Haussperlinge fühlen sich in der Gemeinschaft von Artgenossen sehr wohl und legen deshalb ihre Nester oft gemeinsam mit mehreren Paaren auf relativ engem Raum an. In solchen Fällen gilt nur die direkte Umgebung des Nestes sowie der Schlafplätze als „Privatsphäre", welche dann allerdings auch gegen jeden Artgenossen energisch verteidigt wird.

Einer, der fast die ganze Welt eroberte

Die massiger wirkenden Männchen des Haussperlings sind bunter und etwas größer als ihre Weibchen, die außerdem auch keinen lackschwarzen Brustlatz besitzen. Ursprünglich besiedelte der oft auch als Spatz bezeichnete Haussperling nur ein Gebiet, das sich auf größere Teile Eurasiens und einige kleinere Regionen von Nordafrika erstreckte. Inzwischen wurde diese Art jedoch durch den Menschen auch im südlichen Afrika, in Australien und Neuseeland sowie in zahlreichen Ländern Nord- und Südamerikas verbreitet.

Haussperlinge ziehen pro Jahr 2–3 Bruten auf, wobei jede Brut zumeist

Stattliches Männchen

Haussperlinge brüten gern unter Dachziegeln.

Spatzen-Doppelgänger

Nicht selten werden Haus- und Feldsperling *(Passer montanus)* miteinander verwechselt, wobei man sie eigentlich ganz einfach unterscheiden kann. Feldsperlinge besitzen einen braunen Oberkopf und auf jeder Seite des Kopfes einen grauschwarzen Wangenfleck, der ein mehr oder weniger ovales Aussehen hat.

5–6 Jungen umfasst. Sehr gern nisten Haussperlinge in höhlenartigen Verstecken aller Art. Schlitzartige Öffnungen, wie sie beispielsweise unter Dachziegeln vorhanden sind, stehen dabei besonders hoch im Kurs.

Etwas zänkisch und nützlich zugleich

Volkstümlich wird der Haussperling häufig als kleiner, etwas zänkischer Vogel angesehen und fälschlicherweise in die Kategorie der Schädlinge eingeordnet, weil er oft truppweise Getreidefelder plündert. Erweitert wird der vegetarische Teil seines Speisezettels noch durch allerlei Wildkräuter- und Gräsersamen. Während der wärmeren Jahreszeit beinhaltet dieser Speiseplan aber auch bis zu 25 % tierische Nahrungskomponenten, wie etwa Insekten und deren Larven. Die Fütterung der Nestlinge erfolgt in den ersten Tagen sogar ausschließlich mit tierischer Nahrung, wobei Blattläuse, welche die Sperlinge beispielsweise gern von Rosenstöcken abpicken, häufig einen sehr großen Anteil ausmachen.

Weiblicher Haussperling beim Zusammentragen von Nistmaterial

Weidensperling *(Passer hispaniolensis)*

Obwohl sich das Hauptverbreitungsgebiet dieses Vogels auf den Mittelmeerraum und Teile Südwestasiens konzentriert, verirren sich gelegentlich einzelne Exemplare immer wieder bis nach Mitteleuropa.

Im Unterschied zum Haussperling besitzen männliche Weidensperlinge einen größeren schwarzen Brustlatz und einen braun gefärbten Oberkopf. Weidensperlinge besiedeln bevorzugt offenes, von Hecken oder Sträuchern durchzogenes Gelände, das sich möglichst in Wassernähe befindet. Genistet wird kolonienweise in Hecken, Mauernischen oder als „Untermieter" auch in Storchennestern.

Weidensperlingsgelege umfassen zumeist 6–8 Eier, aus denen nach 11–12 Tagen die Nestlinge schlüpfen. Bis sie das Nest verlassen und selbstständig sind, dauert es weitere 25–27 Tage. Weidensperlinge nehmen relativ viel tierische Nahrung, wie etwa Insekten und Spinnen, auf, was jedoch nicht bedeutet, dass sie Körner und sonstige Sämereien verschmähen.

Rufendes Männchen des Weidensperlings

Balzende Weidensperlinge

Feldsperling *(Passer montanus)*

Ähnlich wie der Haussperling mag auch der Feldsperling die Gesellschaft von Artgenossen, mit denen er zum Teil recht große Trupps bildet und gemeinschaftlich in der Gegend umherstreift.

Feldsperling im Frühjahr

Feldsperlinge nehmen gern ein Bad (unten).

Weite Verbreitung

Mit einer Kopf-Schwanz-Länge von 14 cm ist der Feldsperling geringfügig kleiner und außerdem auch etwas scheuer als der Haussperling *(Passer domesticus)*. Sein Verbreitungsgebiet erstreckt sich mit Ausnahme der nördlichen Regionen Skandinaviens sowie Teilen der Adria, Griechenlands und der Britischen Inseln auf ganz Europa und von dort über die gemäßigten Klimazonen Asiens bis nach Japan. In Nordameri-

Sich paarende Feldsperlinge

Unterart Passer montanus saturatus in Japan

ka und in Australien wurde diese Art erst durch den Menschen eingeführt. Feldsperlinge bevorzugen als Lebensräume eher offene, mit Bäumen und Strauchgruppen durchsetzte Landschaften, Landstraßen, Streuobstwiesen, Obstplantagen, Parks sowie Gärten in Dörfern und Vorstädten.

Nachnutzer von Uferschwalbenquartieren

Pro Jahr wird zweimal gebrütet. Dabei erfolgt die erste Brut im April und die zweite im Juli. Als Brutstätten wählen die Feldsperlinge am liebsten natürliche Höhlungen in Bäumen aus. Sind solche nicht vorhanden, geben sie sich aber auch mit Nistkästen und Mauernischen an Gebäuden zufrieden. Gelegentlich nutzen sie sogar die verlassenen Niströhren von Uferschwalben *(Riparia riparia)*. Feldsperlingsgelege bestehen zumeist aus 5–6 Eiern, die 12–13 Tage lang bebrütet werden. Anschließend benötigen die Nestlinge, die zumindest anfangs ausschließlich mit Insekten gefüttert werden, etwa drei Wochen bis sie flügge sind. Im Unterschied zu den Nestlingen besteht die Nahrung der Altvögel vorwiegend aus Sämereien und Getreidekörnern.

Winterliche Sperlingsinvasionen

Im Winter ziehen die Feldsperlinge aus den nördlichen und östlichen Regionen gelegentlich nach Mittel- und Westeuropa, wo es gebietsweise zu regelrechten Invasionen kommt. In den meisten anderen Gegenden bleiben die Feldsperlinge aber ganzjährig in ihren Brutrevieren. Im Winter finden sie sich gern am Futterhäuschen ein.

Feldsperling auf einem Nistkasten

Bluthänfling *(Carduelis cannabina)*

Bluthänflinge ernähren ihre frisch geschlüpften Jungen während der ersten Lebenstage ausschließlich mit Kropfbrei, bevor sie auf Insekten umstellen.

Farbunterschiede der Geschlechter

Der etwa sperlingsgroße Bluthänfling gehört zur Familie der Finken (Fringillidae) und weist einen sehr deutlichen Geschlechtsdichromatismus auf. Das insgesamt kräftiger gefärbte Männchen besitzt eine leuchtend rote Stirn- und Brustpartie, die beim Weibchen niemals vorhanden ist. Das Verbreitungsgebiet erstreckt sich von Europa bis nach Nordafrika und Zentralasien, wo neben Wäldern, Weinbergen, Parks und Friedhöfen auch große Gärten, die einige Koniferen aufweisen, gern besiedelt werden.

Männchen während des Badens

Bluthänflinge brüten oft zweimal pro Jahr. Nach etwa 14 Tagen schlüpfen aus dem zumeist 4–6 Eier umfassenden Gelege die Nestlinge. Deren Ernährung stellen die Altvögel ab dem vierten bis fünften Lebenstag allmählich von Kropfbrei auf Blattläuse und andere kleine Insekten um. Die Nahrung der Altvögel besteht vor allem aus Sämereien, die zu einem Großteil von Wildkräutern, wie Disteln, Gänsefuß, Hirtentäschel, Knöterich, Löwenzahn und Vogelmiere, stammen.

Gelege des Bluthänflings

Nestlinge

Stieglitz *(Carduelis carduelis)*

Während der Wintermonate bilden Stieglitze oftmals mit Bluthänflingen, Girlitzen und Grünfinken farbenfrohe Schwärme, die gemeinsam auf der Suche nach Nahrung umherstreifen.

Der Stieglitz ist auch als Distelfink bekannt.

Eine Art – zwei Populärnamen

Bei dem auch als Distelfink bezeichneten Stieglitz handelt es sich um einen sehr farbenfrohen Vertreter aus der Familie der Finken. Sein natürliches Verbreitungsgebiet erstreckt sich von Westeuropa und Nordafrika bis nach Mittelsibirien sowie Westasien. Außerdem wurde dieser Vogel durch den Menschen in Südamerika, Australien, Neuseeland sowie auf einigen Inseln Ozeaniens ausgesetzt, wo er sich dauerhaft behauptete. Als Lebensraum akzeptiert der Distelfink neben halb offenen, mit Bäumen bestandenen Landschaften auch Parkanlagen, lichte Laubwälder und Gärten aller Art.

Geselligkeit ist Trumpf

Beim Stieglitz handelt es sich um eine sehr gesellige Art, die gern in der Nähe von Artgenossen brütet. Dabei betrachten diese Vögel nur die unmittelbare Umgebung des Nestes als ihr Revier, in dem sie keinen anderen Stieglitz dulden. Stieglitze ziehen pro Jahr fast immer zwei Bruten auf. Zu diesem Zweck errichten sie auf den Außenzweigen von Bäumen ein Nest aus weichem Pflanzenmaterial, in das das Weibchen 5–6 Eier legt. Aus diesen schlüpfen nach einer Brutdauer von 12–14 Tagen die Jungen, welche etwa drei Wochen später allmählich selbstständig werden.

Zwei Stieglitze an einer Fütterungsanlage für Gartenvögel

Die Doppelgänger der „Stieglitz-Teenies"

Gerade flügge gewordene Stieglitze werden manchmal mit jungen Grünfinken oder Zeisigen verwechselt. Im Unterschied zu Letzteren besitzen die jungen Stieglitze jedoch nicht nur einen völlig schwarzen Schwanz, sondern weisen bereits die gleiche Flügelfärbung wie die Altvögel auf.

Während die Nestlinge vorwiegend mit kleinen Insekten gefüttert werden, unter denen sich oft zahlreiche Blattläuse befinden, fressen die Altvögel sehr viele Sämereien, beispielsweise von Disteln, Ampfer, Vogelmiere, Birken sowie Beifuß. Sehr beliebt sind ebenso Kiefernsamen, die die Stieglitze äußerst geschickt aus den Zapfen herauspicken. Während die sibirischen Stieglitze den Winter häufig in Mitteleuropa oder Westasien verbringen, verbleiben die west- und mitteleuropäischen Populationen in ihren Brutgebieten.

Stieglitze bei der Nahrungsaufnahme

Grünfink *(Carduelis chloris)*

Der sehr häufig auch einfach als Grünling bezeichnete Grünfink erreicht eine Kopf-Schwanz-Länge von etwa 14,5 cm, womit er in Mitteleuropa der größte gelbgrün gefärbte Fink ist.

Sein natürliches Verbreitungsgebiet erstreckt sich mit Ausnahme der nördlichen Gebiete Skandinaviens auf ganz Europa, Vorderasien und Nordafrika. Außerdem wurde er durch den Menschen auch in Neuseeland, Australien und Südamerika angesiedelt. Grünfinken bevorzugen offene Landschaften, Heidegebiete, Waldränder, lichte Parks und Gärten. Ein Teil der in Skandinavien und Russland lebenden Grünfinken zieht im Winter nach Mittel- oder Westeuropa sowie ins Mittelmeergebiet.

Weiblicher Grünfink auf einem Baumzweig

Gebrütet wird zweimal, manchmal sogar dreimal pro Jahr. Zu diesem Zweck bauen die Grünfinken ihre Nester zumeist in strauchartigen Gehölzen oder Hecken. Die Gelege bestehen in der Regel aus 5–6 Eiern, aus denen nach etwa 14 Tagen die Nestlinge schlüpfen, die bis zum Flüggewerden 2,5–3 Wochen benötigen. Die Fütterung des Nachwuchses erfolgt hauptsächlich mit kleinen Insekten, unter denen sich zahlreiche Blattläuse befinden. Die Altvögel nehmen zusätzlich auch die Samen der unterschiedlichsten Pflanzen, Getreidekörner, junge Knospen sowie Beerenfrüchte auf. Im Winter setzt sich die Nahrung fast ausschließlich aus Sämereien zusammen.

Kanarienvogelähnlicher Gesang

Zur Brutzeit setzen sich die Männchen des Grünfinks sehr häufig in die Spitzen von Baumkronen, um ihren Gesang vorzutragen, der phasenweise stark an den eines Kanarienvogels erinnert.

Der Grünfink, hier ein Männchen, wird häufig auch als Grünling bezeichnet.

Grünlinge haben gern Artgenossen um sich, weshalb sie sich häufig zu relativ großen Schwärmen formieren, in die während der Wintermonate oft noch weitere Vogelarten integriert werden. Diese Gemeinschaften ziehen dann auf der Suche nach Futter umher, wobei sie sich auch an Futterhäuschen einfinden. Letztere sind für die Grünfinken besonders attraktiv, wenn sie neben Sonnenblumen- auch Hanfsamen enthalten.

Birkenzeisig *(Carduelis flammea)*

In früheren Zeiten wurde diese bis zu 14 cm große Finkenart, bei der die Männchen deutlich bunter gefärbt sind als die Weibchen, auch häufig als Leinfink bezeichnet.

Während des Sommers konzentriert sich das Verbreitungsgebiet dieses Vogels vor allem auf Island, Großbritannien, Nordskandinavien, Nordsibirien, Ostasien, Nordamerika und Teile der Alpen. Hier besiedelt der Birkenzeisig am liebsten Wälder mit hohem Birkenanteil, deren winzige Samen er geschickt herauspickt.

Gern an Futterhäuschen

Im Winter bekommt man diese Art auch in Mittel- und Südeuropa des Öfteren zu Gesicht, wo sich der Birkenzeisig entweder als Winter- oder Durchzugsgast aufhält und zur Nahrungsaufnahme gern Futterhäuschen anfliegt.

Birkenzeisige errichten ihre Nester häufig in der unmittelbaren Nähe von Artgenossen. Die einzelnen Gelege umfassen zumeist 4–6 Eier, aus denen nach einer Brutzeit von zwölf Tagen die Jungen schlüpfen. Diese werden von beiden Eltern mit Nahrung versorgt und benötigen bis zum Flüggewerden etwa zwei Wochen.

Männlicher Birkenzeisig – gut erkennbar an der rötlichen Brustpartie

Weibchen des Birkenzeisigs am Futterhäuschen

Erlenzeisig *(Carduelis spinus)*

Erlenzeisige machen ihrem Namen alle Ehre, denn sie siedeln sich am liebsten an mit Erlen bestandenen Bachufern an. Daneben leben sie häufig auch in Nadelwäldern mit hohem Fichtenanteil sowie in größeren Parks.

Erlenzeisige an der Tränke

Weiblicher Erlenzeisig

Mit einer Größe von nur 12 cm gehört der Erlenzeisig zu den kleinsten Vertretern aus der Familie der Finken (Fringillidae). Ihr sommerliches Verbreitungsgebiet konzentriert sich hauptsächlich auf große Bereiche Skandinaviens, Osteuropas und die gemäßigten Klimazonen Asiens bis hin zum Baikalsee. Ein Teil der Erlenzeisige bleibt auch im Winter im Brutgebiet, während die übrigen bis nach Mitteleuropa sowie ins Mittelmeergebiet wandern.

Gut versteckt in hohen Nadelbäumen

Die Brutzeit erstreckt sich von April bis Juli, wobei jährlich oft zwei Gelege aufgezogen werden. Diese umfassen für gewöhnlich 3–5 Eier. Das dazu erforderliche Nest errichten die Erlenzeisige zumeist gut versteckt in sehr hohen Nadelbäumen. Die Nestlinge, die mit Insekten gefüttert werden, schlüpfen nach 13–14 Tagen und benötigen noch einmal so lange, bis sie flügge sind. Erwachsene Erlenzeisige ernähren sich vor allem von Erlen-, Birken- und Fichtensamen. Ergänzend werden häufig auch junge Knospen gefressen.

Männlicher Erlenzeisig

Kernbeißer *(Coccothraustes coccothraustes)*

Ihren Populärnamen verdanken Kernbeißer dem großen, äußerst kräftigen Schnabel, mit dem sie sogar Kirschkerne knacken können. Oft werden sie aber gar nicht bemerkt, weil sie sich gern in dicht beblätterten Gehölzen aufhalten.

Der zu den Finken gehörende Kernbeißer kommt in Europa, den gemäßigten Klimazonen Asiens sowie in Nordafrika vor, wo er sich sowohl in Wäldern und Parks als auch in Gärten mit größeren Gehölzbeständen ansiedelt.

Ihre Brutzeit konzentriert sich auf die Monate April bis Juni, in der sie ihr Nest häufig auf hohen Bäumen errichten. Das Gelege umfasst zumeist 4–6 Eier. Aus diesen schlüpfen nach 14 Tagen die Jungen, die anfangs nur aus dem Kropf der Altvögel gefüttert werden. Erwachsene Kernbeißer fressen besonders gern die Früchte von Buchen, Hainbuchen, Ahornen und Ulmen. Aber auch Schlehen, Mehlbeeren, Traubenkirschen, junge Knospen sowie die Samen von Eschen und Erlen werden nicht verschmäht. Im Garten vertilgen diese Vögel neben abgefallenen Kirschen und Pflaumen auch zahlreiche Insekten und deren Larven.

Ein Kernbeißer in seinem etwas blasseren Winterkleid (links)

Aufgrund seines kräftigen Schnabels erhielt der Kernbeißer seinen Namen.

Buchfink *(Fringilla coelebs)*

Beim Buchfink handelt es sich um einen der farblich attraktivsten Vögel Europas, wobei die Männchen noch bunter sind als die Weibchen. Im Frühjahr nimmt die im Winter verblasste Färbung dann sogar noch zu.

Ein sehr anpassungsfähiger Vogel

In seinem Verbreitungsgebiet, das sich mit Ausnahme Nordskandinaviens über ganz Europa, Teile Sibiriens, des Vorderen Orients und Nordafrikas erstreckt, besiedelt der Buchfink vor allem Wälder, Parkanlagen, Feldgehölze, dichte Alleen, Friedhöfe sowie Gärten, die einen üppigen Baum- und Strauchbestand aufweisen. Vereinzelte Exemplare haben sich sogar dauerhaft in den Zentren von Großstädten angesiedelt, was ein Indiz für ihre große Anpassungsfähigkeit ist.

In Mitteleuropa ziehen Buchfinken jährlich zwei Bruten auf. Ihre aus weichen Materialien, wie etwa Gräsern, Moos, Haaren und Federn, bestehen-

Männchen im Winterkleid

Weiblicher Buchfink

den Nester platzieren sie oft in einer Astgabel, die sich bis zu 10 m über dem Erdboden befinden kann. Die einzelnen Gelege umfassen zumeist 4–6 hellbraune oder bräunlich-weiße Eier, die das Weibchen innerhalb von 14 Tagen ausbrütet. Anschließend werden die Jungen von beiden Eltern mit tierischer Nahrung versorgt, die hauptsächlich aus kleinen Insekten und deren Larven sowie Spinnen besteht. Nach etwa zwei Wochen sind die Jungen flügge und beginnen – genau wie die Altvögel – allerlei Samen und beerenartige Früchte zu fressen.

Farbenpracht im Frühjahr

Die im Winter verblasste Färbung der Buchfinken intensiviert sich im Frühjahr stark. Dann beginnen die Männchen auch damit, ihre relativ großen Brutreviere zu besetzen, die sie gegen Nebenbuhler verteidigen. Außerdem lassen sie häufig ihren Ruf erschallen, der wie „fink" oder „pink" klingt und paarungswillige Weibchen anlocken soll.

Winterliche Junggesellentrupps

Im Unterschied zu den Buchfinken Skandinaviens, Osteuropas und Sibiriens, die im Herbst in etwas südlichere Gefilde ziehen, verzichten in Mitteleuropa vor allem die männlichen Exemplare auf derartige „Reisen". Stattdessen formieren sie sich zu „Junggesellentrupps", die im Winter häufig gemeinsam mit Bergfinken *(Fringilla montifringilla)* umherziehen. Sobald jedoch der Frühling Einzug hält, zerfallen diese „Finkengemeinschaften" sehr schnell.

Bergfink *(Fringilla montifringilla)*

Der auch als Nordfink bezeichnete Bergfink hält sich nur als Wintergast in Mittel- und Südeuropa auf. Dabei werden des Öfteren auch in Gärten platzierte Futterhäuschen angeflogen.

Große Schwärme

Während des Winters bildet der Bergfink oft mit dem Buchfink größere Schwärme, die gemeinsam nach Futter suchen. Am Ende des Winters fliegen die Bergfinken zum Brüten in ihre Sommerterritorien zurück, die sich in Nordskandinavien sowie den nördlichen Bereichen Russlands (einschließlich Sibiriens) befinden. Hier besiedelt dieser Vogel vor allem Wälder mit hohen Kiefern, Birken und Weiden.

Die Gelege umfassen meist 5–6 Eier, aus denen nach rund 14 Tagen die Jungen schlüpfen. Diese werden vor allem mit kleinen Insekten und Spinnen ernährt, die auch die erwachsenen Bergfinken während der Sommermonate über bevorzugt fressen. Dagegen besteht die natürliche Winternahrung in erster Linie aus fettreichen Samen, wobei die Bergfinken eine besondere Vorliebe für Bucheckern zeigen.

Männlicher Bergfink

Weibliche Bergfinken besitzen im Unterschied zu den Männchen ein bräunliches Kopf- und Rückengefieder.

Fichtenkreuzschnabel *(Loxia curvirostra)*

Das zweifelsfrei charakteristischste Merkmal dieses Vogels, das zugleich bei der Vergabe seines Populärnamens Pate stand, ist sicherlich der deutlich überkreuzte Schnabel.

Männliche Fichtenkreuzschnäbel zeigen eine überwiegend rötliche Färbung, während bei den Weibchen gelblich-graue Farbtöne dominieren. Der Fichtenkreuzschnabel ist, allerdings nicht flächendeckend, von Westeuropa über die gemäßigten Klimaregionen Asiens bis nach Nordamerika verbreitet. Außerdem besiedelt er einige Mittelmeerinseln und die nördlichen Regionen Afrikas. Seine bevorzugten Lebensräume sind Fichtenwälder. In Gärten erscheint er zumeist nur, wenn in diesen größere zapfentragende Koniferen stehen. Zusammen mit allerlei Insekten sowie deren Larven bilden die Samen dieser Bäume die Hauptnahrung des Fichtenkreuzschnabels. Außerdem werden Knospen, Beeren und Nadeln gefressen.

Weibchen des Fichtenkreuzschnabels

In der Kälte hudern

Die Brutzeit erstreckt sich von Januar bis April. Das Gelege besteht zumeist aus vier Eiern. Nach einer 14–16-tägigen Brutzeit schlüpfen die Jungen, die von den Altvögeln wegen der zumeist herrschenden Kälte etwa zwei Wochen lang gehudert werden.

Männchen des Fichtenkreuzschnabels

Gimpel *(Pyrrhula pyrrhula)*

Der bis 17 cm große Gimpel wird in vielen Gegenden auch als Dompfaff oder Blutfink bezeichnet. Die Vögel überwintern meist in ihrem Brutgebiet und finden sich deshalb während der kalten Jahreszeit oft an Futterhäuschen ein.

Das Verbreitungsgebiet des Gimpels erstreckt sich von Europa bis in den Vorderen Orient und die gemäßigten Klimaregionen Asiens. Gern werden unterholzreiche Wälder, aber auch Gärten besiedelt, wenn sich in diesen einige Fichten oder fichtenähnliche Koniferen befinden.

Gimpel brüten jedes Jahr zweimal. Zu diesem Zweck bauen sie in einem Nadelgehölz oder einem dicht belätterten, großen Strauch ein aus dürren Zweigen, Krautstängeln und Grashalmen bestehendes Nest, das zur Aufnahme des 4–5 Eier umfassenden Geleges dient. Anschließend wird das Gelege 13–14 Tage lang bebrütet. Die Fütterung der Nestlinge, an der sich beide Altvögel beteiligen, erfolgt anfangs mit Blattläusen, Ameisen und kleinen Gehäuseschnecken. Später wird das Futter zunehmend auf Sämereien umgestellt. Nach etwa 15–18 Tagen sind die Jungen flügge und verlassen das Nest. Allerdings halten sie sich in der Folgezeit noch in dessen Nähe auf, um sich von den Altvögeln auch weiterhin gelegentlich mit Nahrung versorgen zu lassen.

Gimpel-Männchen

Das Nahrungsspektrum der erwachsenen Gimpel ist sehr breit gefächert und umfasst neben Wildkrautsamen (hauptsächlich von Brennnesseln, Löwenzahn und Ampfer) auch Insekten und Beeren. Außerdem werden im Spätwinter sowie im zeitigen Frühjahr gelegentlich Knospen von Obstbäumen verbissen, wobei die dabei entstehenden Schäden kaum nennenswert sind.

Weiblicher Gimpel

Ausgeprägter Farbunterschied

Ähnlich wie beim Buchfink ist auch beim Gimpel ein ausgeprägter Geschlechtsdimorphismus vorhanden. So sieht das Männchen mit seinem blaugrauen Rücken und dem leuchtend roten Brust-Kehl-Bereich wesentlich bunter aus als das Weibchen. Letzteres besitzt einen kräftig braungrauen Rücken und eine etwas heller gefärbte Brust-Kehl-Region.

Girlitz *(Serinus serinus)*

Eine ganz charakteristische Verhaltensweise der Girlitze, die eine Größe von etwa 11,5 cm erreichen, besteht darin, dass diese mit ihren dicken Schnäbeln die Nahrung bevorzugt vom Boden aufpicken.

Das Verbreitungsgebiet des Girlitz erstreckt sich von West- über Mitteleuropa bis nach Kleinasien und Nordafrika, wo er hauptsächlich in offenen Kulturlandschaften, Parks, Alleen und Gärten zu finden ist. Im Herbst wandern die meisten Exemplare der im Norden lebenden Populationen nach Mittel- und Südeuropa.

Jährlich erfolgen zwei Bruten. Zu diesem Zweck wird das Nest gut versteckt in Sträuchern oder auf Bäumen errichtet, wobei die Vorliebe dieses Vogels für Koniferen unverkennbar ist. Die einzelnen Gelege bestehen zumeist aus 4–5 Eiern, aus denen nach 12–14 Tagen die Jungen schlüpfen. Diese werden anschließend 3,5 Wochen von den Altvögeln mit Nahrung versorgt, die vorwiegend aus Blattläusen und anderen kleinen Insekten besteht. Letztere spielen in der sommerlichen Ernährung der Altvögel ebenfalls eine wichtige Rolle. Darüber hinaus fressen sie noch junge Knospen und zahlreiche Samen.

Ein Girlitz-Männchen in seinem prachtgelben Federkleid

Hätte der Girlitz nicht seine gelben Gefiederanteile, könnte man ihn fast für einen Sperling halten.

Grauammer *(Emberiza calandra)*

Die graubraun gefärbte Grauammer erreicht eine Länge von 18 cm und ist damit etwas größer als ein Haussperling, mit dessen Weibchen sie des Öfteren verwechselt wird.

Markante Merkmale der Grauammer sind die Strichelung auf der Körperunterseite sowie der relativ kräftige Schnabel. Das Verbreitungsgebiet der Grauammer erstreckt sich mit Ausnahme der nördlichen und nordöstlichen Regionen auf ganz Europa sowie Nordafrika und Westasien bis zum Aralsee. Die Grauammer besiedelt bevorzugt offenes Gelände mit vereinzelten Bäumen und Sträuchern sowie Ackerfluren, Wiesen und Gärten.

Die Brutzeit erstreckt sich von Mai bis Juli, wobei gelegentlich Zweitbruten erfolgen. Das Gelege umfasst zumeist 4–5 Eier, aus denen nach 11–13 Tagen die Nestlinge schlüpfen. Obwohl die Jungen das Nest schon nach 9–11 Tagen verlassen und sich dann in dessen Nähe aufhalten, sind sie zu diesem Zeitpunkt noch flugunfähig. Während erwachsene Grauammern an die Jungvögel auch relativ viele Insekten verfüttern, ernähren sie sich selbst vorwiegend von Getreide und Sämereien.

Singende Grauammer

Grauammer im Flug

Gelege im Nest (rechts)

Zippammer *(Emberiza cia)*

Zippammern besiedeln gern Weinberge sowie mit Büschen und Bäumen bewachsene Hänge. Sie besitzen eine auffällige Kopfzeichnung, sind aber meist unauffällig und recht scheu.

Das Verbreitungsgebiet der in ihrem Bestand sehr gefährdeten Zippammer konzentriert sich vor allem um das Mittelmeer, wobei Österreich und die südlichen Gebiete Deutschlands die nördliche Verbreitungsgrenze darstellen. Außerdem kommt die Zippammer noch in einigen Teilen Asiens vor.

Meist Bodennester

Zwischen April und Ende Juli bauen die Zippammern ihr Nest, das sich zumeist am Boden befindet. Das Gelege besteht aus 4–6 Eiern, welche durchschnittlich 10 Tage lang bebrütet werden. Die anschließende Nestlingszeit dauert etwa 10–12 Tage. Während die Jungen anfangs vorwiegend mit Insekten und kleinen Spinnentierchen gefüttert werden, dominieren in der Ernährung der Altvögel kleine Samen.

Öffnen gern Samenkapseln

Mit ihren Schnäbeln hacken die Zippammern häufig die reifen Samenkapseln verschiedener krautiger Pflanzen auf, um auf diese Weise an deren Samen zu gelangen.

Männliche Zippammer

Zaunammer *(Emberiza cirlus)*

Männliche Zaunammern besitzen eine sehr gut erkennbare, schwarzgelbe Kopfzeichnung, die den Weibchen fehlt. Meist leben sie sehr unscheinbar, sodass sie nur schwer zu entdecken sind.

Das Verbreitungsgebiet dieses 16 cm großen Vogels erstreckt sich von Nordafrika über Südeuropa bis ins südliche und westliche Deutschland. Als Lebensräume bevorzugt die Zaunammer offenes, mit Gehölzen durchsetztes Gelände, Weinberge sowie von Bäumen gesäumte Straßen und Gärten.

Zur Brutzeit, die sich von April bis August erstreckt, verteidigen die Zaunammern ihre Reviere sehr energisch gegen Artgenossen. Das 13–14 Tage dauernde Bebrüten des Geleges, das aus 3–5 Eiern besteht, übernimmt das Weibchen allein. Während dieser Zeit wird es dann vom Männchen mit Nahrung versorgt. Diese besteht sowohl aus kleinen Insekten und deren Larven als auch Sämereien, Früchten und Knospen. Die Nestlinge, die überwiegend mit tierischem Futter aufgezogen werden, sind bereits nach zwei Wochen flügge. Allerdings bleiben sie anschließend noch ein paar Tage in der Nähe ihrer Eltern.

Männliche Zaunammer

Weibliche Zaunammer

Goldammer *(Emberiza citrinella)*

Im Winter bilden Goldammern häufig größere Schwärme, die auf Feldern nach Restsamen suchen. Falls sich im Futterhäuschen regelmäßig sehr kleine Samenkörner befinden, wird auch dieses immer wieder besucht.

Mit Ausnahme von Nordskandinavien sowie großen Teilen der Mittelmeerregion umfasst das Verbreitungsgebiet der 16,5 cm großen Goldammer ganz Europa und erstreckt sich bis nach Mittelsibirien. Besonders häufig werden offene, mit Gehölzen durchsetzte Landschaften, Waldränder und mit Bäumen bestandene Landstraßen besiedelt. Zwischen April und Juli bauen die Goldammern ihre Nester, die sich vorzugsweise am Boden oder in dessen unmittelbarer Nähe befinden. Das darin platzierte Gelege umfasst zumeist 3–5 Eier, die 13–14 Tage lang bebrütet werden. Anschließend benötigen die Nestlinge etwa noch einmal so lange, bis sie flügge werden. Sie werden vorwiegend mit Insekten, deren Larven und kleinen Spinnen gefüttert, während die Altvögel hauptsächlich Körner, Sämereien, Knospen und kleine Beeren aufnehmen.

Männliche Goldammer

Gruppe von Männchen im Winter

Weibliche Goldammer (unten)

Ortolan *(Emberiza hortulana)*

Der 16 cm große Ortolan, der auch als Gartenammer bezeichnet wird, ist eine wenig bekannte Art. Dies liegt unter anderem daran, dass diese Vögel sehr scheu sind und man sie deshalb nur selten zu Gesicht bekommt.

Sein Verbreitungsgebiet erstreckt sich von Süd-, Mittel-, Südosteuropa und Osteuropa bis nach Kleinasien und Westsibirien, wo er in offenem Gelände, auf Feldern und gelegentlich auch auf Streuobstwiesen sowie in Obstgärten anzutreffen ist. Ende August bis Anfang September ziehen die Ortolane in ihre Winterquartiere, die sich auf der Arabischen Halbinsel sowie südlich der Sahara befinden. Von dort kehren sie Ende April in ihre Brutgebiete zurück.

Gebrütet wird häufig zweimal pro Jahr, wobei die Ortolane ihre Nester immer am Boden bauen. Nach einer Brutdauer von 10–14 Tagen schlüpfen aus den 4–6 Eiern die Jungen, die bis zum Flüggewerden zumeist 12–15 Tage benötigen. Im Unterschied zu den Altvögeln, die sowohl Insekten als auch Sämereien fressen, werden die Nestlinge ausschließlich mit tierischer Nahrung gefüttert. Diese besteht während der ersten sieben Lebenstage vorzugsweise aus Raupen.

Der Ortolan, hier beim Baden, wird oft auch als Gartenammer bezeichnet.

Kappenammer *(Emberiza melanocephala)*

Ihren Populärnamen verdankt die Kappenammer, die eine Größe von 16–17 cm erreicht, dem prächtigen Kopfgefieder der Männchen, das allerdings nur während der Brutzeit in voller Ausfärbung gezeigt wird.

Während der Brutzeit ziert eine schwarze Kappe den Kopf des Männchens, die sich bis über die Augen zieht und von einem kräftigen Gelb umgeben wird. Das sommerliche Verbreitungsgebiet dieses großen Singvogels erstreckt sich von Italien über Griechenland und die Türkei bis in den Iran. Kappenammern besiedeln zumeist offenes Gelände, lichte Olivenhaine sowie Gärten. Den Winter verbringen die Kappenammern in Nordindien. Die Brut findet zwischen Ende April bis Anfang Mai statt. Zu diesem Zweck errichten die Kappenammern im unteren Bereich eines Strauches ein Nest, in das sie 4–5 Eier legen, aus denen nach 12–14 Tagen die Jungen schlüpfen. Diese werden von den Eltern vorwiegend mit Insekten und Spinnentieren gefüttert, während die Altvögel sich zumeist von kleinkörnigen Sämereien ernähren.

Singendes Kappenammer-Männchen

Weibliche Kappenammer (unten)

Spechte

Bei den Spechten (Picidae) handelt es sich um eine etwa 200 Arten umfassende Familie aus der Ordnung der Spechtvögel (Piciformes), zu der beispielsweise auch die in tropischen Regionen lebenden Tukane (Familie Ramphastidae) sowie die Honiganzeiger (Familie Indicatoridae) gehören. Die meisten Spechte haben sich im Verlauf ihrer Evolution hervorragend an ein Leben auf Bäumen spezialisiert. Sie besitzen einen stilettartigen, sehr kräftigen Schnabel, mit dem sie problemlos Löcher ins Holz meißeln können, um an die darin verborgenen Waldschädlinge beziehungsweise deren Larven zu gelangen. Zum Herausziehen dieser Tiere nehmen sie oft ihre lange, sehr bewegliche Zunge zu Hilfe, die am vorderen Ende mit einem Widerhaken ausgestattet ist. Eine weitere Anpassung an das Baumleben sind die keilförmigen, teilweise stark versteiften Schwanzfedern, die beim Klettern als Stütze fungieren.

Buntspecht *(Dendrocopos major)*

Beim Buntspecht, der manchmal auch als Großer Buntspecht, Rotspecht oder Schildspecht bezeichnet wird, handelt es sich um einen knapp amselgroßen Vogel. In Mitteleuropa repräsentiert er die am häufigsten vorkommende Spechtart.

Das Verbreitungsgebiet des Buntspechts erstreckt sich auf nahezu ganz Europa, Westasien sowie Teile des Vorderen Orients und Nordafrikas. Obwohl Wälder und Parks mit alten Bäumen als Lebensräume bevorzugt werden, findet sich dieser Vogel auch gern in Gärten sowie auf Streuobstwiesen ein.

Nicht alle Kinderstuben werden vollendet

Zwischen Mai und Anfang Juni beginnt der Buntspecht in mehreren weichholzigen oder morschen Laub- oder Nadelbäumen Bruthöhlen zu hacken, wobei er aber nur eine vollendet. In dieser werden 4–7 Eier abgelegt, aus denen nach durchschnittlich zwölf Bruttagen die Jungen schlüpfen. Auch wenn man den Nachwuchs nicht sieht, hört man ihn doch zumindest recht häufig. Ab der zweiten Lebenswoche veranstalten die Jungvögel tagsüber fast ununterbrochen ein großes Geschrei, wodurch man die Bruthöhlen schnell entdeckt. Bis zum Flüggewerden benötigen die Jungen 3–4 Wochen. Während die Vertreter der nördlichen Populationen im Winter gelegentlich bis nach Mitteleuropa wandern, bleiben die restlichen zumeist ganzjährig in ihrem Brutgebiet.

Buntspecht beim „Zimmern"

Zwei Doppelgänger

Aufgrund der Größe und der ähnlichen Gefiederfärbung wird der Buntspecht oft mit dem Blutspecht *(Dendrocopos syriacus)* oder dem Weißrückenspecht *(Dendrocopos leucotos)* verwechselt. Im Unterschied zum erwachsenen Buntspecht fehlt jedoch auf der Wange des Blutspechts das schwarze Band hinter dem Auge. Beim Weißrückenspecht sind nicht nur wesentlich mehr helle Bereiche im Rückengefieder vorhanden, sondern sein gesamter Scheitelbereich ist darüber hinaus leuchtend rot gefärbt und wirkt fast wie eine kleine Kappe. Eine derartige rote Kappe besitzen auch junge männliche Buntspechte, die sich jedoch mit zunehmendem Alter verliert. Bei den erwachsenen männlichen Buntspechten ist dann nur noch ein breites rotes Band am Hinterkopf vorhanden, welches die Weibchen nicht aufweisen.

Buntspecht bei der winterlichen Futtersuche

Die Hauptnahrung des Buntspechts besteht aus Insekten und deren Larven. Als Ergänzung dienen die Samen von Nadelbäumen sowie Obst und Beerenfrüchte. Eier und Jungvögel anderer Vogelarten, die der Buntspecht bei seinen Kletterpartien aufstöbert, werden aber ebenfalls nicht verschmäht.

Teamwork in Buntspechtmanier

Mittelspecht *(Dendrocopos medius)*

Bei dem 20–22 cm großen Mittelspecht handelt es sich um einen stellenweise sehr häufigen, anderenorts wiederum sehr seltenen Vogel, der in seinem Aussehen dem Buntspecht ähnelt.

Gelegentlich in Gärten

Das Verbreitungsgebiet des Mittelspechts erstreckt sich von Mitteleuropa bis zum Ural und in den Iran. Außerdem existieren punktuell ein paar Populationen auf der Pyrenäen- und Apenninenhalbinsel. Obwohl er als Lebensraum ganz eindeutig Wälder bevorzugt, findet sich der Mittelspecht gelegentlich auch in Parks und großen Gärten ein, die einen alten Obstbaumbestand aufweisen. Im Winter verbleibt der Mittelspecht vorwiegend im Brutgebiet.

Zwischen April und Mai zimmert der Mittelspecht eine Baumhöhle, um darin 5–6 Eier abzulegen, die 12–13 Tage lang bebrütet werden. Die anschließend schlüpfenden Nestlinge benötigen 20–24 Tage bis zum Flüggewerden. Während dieser Zeit werden sie von beiden Eltern mit Nahrung versorgt. Diese besteht bei den Mittelspechten vor allem aus Spinnen, Insekten und deren Larven. Außerdem werden noch Obst, Beeren, Koniferensamen sowie auch Nüsse gefressen.

Mittelspecht auf Klettertour

Neugierig beäugt dieser Mittelspecht auf einem Baumstumpf seine Umwelt.

Kleinspecht *(Dendrocopos minor)*

Genau wie der Mittelspecht erinnert auch der Kleinspecht in seinem Aussehen stark an den Buntspecht, wobei er allerdings nur eine Kopf-Schwanz-Länge von 14–16 cm aufweist.

Mit Ausnahme der Pyrenäenhalbinsel und Teilen Großbritanniens sowie Skandinaviens erstreckt sich sein Verbreitungsgebiet über ganz Europa bis nach Nordafrika und die gemäßigten Klimazonen Asiens einschließlich Nordjapan. Kleinspechte besiedeln Laubwälder, Parks, Streuobstwiesen und auch Gärten mit einem umfangreichen Baumbestand. Die an Bäumen gesuchte Nahrung besteht zumeist aus kleinen Insekten und deren Larven. Ergänzend werden Obst, Beeren und Koniferensamen gefressen. Im Winter erscheint der Kleinspecht gelegentlich auch am Futterhäuschen.

Die Brutzeit erstreckt sich von April bis Mai. Während dieser Zeit zimmern die Kleinspechte ihre Bruthöhlen in morsche Bäume, die in den meisten Fällen bereits abgestorben sind. Das Gelege umfasst zumeist 4–6, in Ausnahmefällen auch bis zu neun Eier, aus denen nach elf Tagen die Jungen schlüpfen. Bis zum Flüggewerden vergehen dann etwa weitere 20 Tage.

Weiblicher Kleinspecht (oben)

Männlicher Kleinspecht

Blutspecht *(Dendrocopos syriacus)*

Das Verbreitungsgebiet des Blutspechts umfasste ursprünglich nur den Vorderen und Mittleren Orient. Im 19. Jahrhundert tauchte er erstmalig auf dem Balkan auf. Seitdem erweitert sich sein Verbreitungsareal immer mehr nach Norden.

Obwohl Wälder die klassischen Lebensräume dieses Vogels sind – oft auch die Ufer von Waldbächen–, erweist er sich als relativ flexibel und siedelt sich häufig ebenso in Weinbergen, auf Friedhöfen, Obstplantagen, Streuobstwiesen sowie in Gärten an. Inzwischen ist der Blutspecht auch des Öfteren in Mitteleuropa zu beobachten.

Die Brutzeit konzentriert sich auf April und Mai. Ganz nach Spechtmanier wird dann eine Bruthöhle in einen Baum gezimmert und 4–5 Eier darin abgelegt, aus denen bereits nach zehn Tagen die Jungen schlüpfen. Bis zu ihrem Flüggewerden vergehen weitere 3,5 Wochen.

In der Nahrung überwiegen kleine tierische Komponenten, die vorwiegend an Bäumen gesucht werden. Zusätzlich nehmen die Blutspechte noch Früchte und Nüsse auf. Letztere werden vor dem Fressen in Borken- oder Mauerritzen festgeklemmt und aufgemeißelt.

Ein Blutspecht befördert abgehackte Späne aus seiner Bruthöhle.

Blutspecht beim Zimmern einer Bruthöhle

Wendehals *(Jynx torquilla)*

Beim genaueren Hinschauen erkennt man beim Wendehals einen ähnlichen Körperbau und eine ähnliche Körperhaltung wie bei den Spechten. Außerdem besitzt dieser Vogel eine sehr lange Zunge und zum Klettern geeignete Füße.

Seinen Populärnamen erhielt der Wendehals, weil er bei Erregung den Kopf sehr weit zum Rücken hin dreht. Als Sommergast besiedelt er nahezu ganz Europa sowie die gemäßigten Klimaregionen Asien bis einschließlich Nordjapan. Den Winter verbringt er in den zentralen Gebieten Afrikas beziehungsweise in Südostasien. An der nordafrikanischen Mittelmeerküste bleiben die Wendehälse ganzjährig in ihren Brutrevieren.

Zu den Lieblingsbiotopen dieses Vogels zählen Wälder, Parks, Friedhöfe, Streuobstwiesen und Gärten, wo er zwischen Mai und Juni in einer natürlichen oder künstlichen Nisthöhle 7–10 Eier legt, aus denen nach etwa 12–14 Tagen die Jungen schlüpfen: Diese werden nach rund 20–22 Tagen flügge. Die Nahrung, die oft vom Boden aufgenommen wird, besteht fast nur aus Insekten – darunter viele Ameisen – und deren Larven.

Bereits die Körperhaltung verrät die Zugehörigkeit des Wendehals zu den Spechten.

Der Wendehals erhielt seinen Namen aufgrund der extremen Beweglichkeit des Halses.

Grauspecht *(Picus canus)*

In seiner Ernährungsweise stellt der Grauspecht gewissermaßen ein Bindeglied zwischen dem Grünspecht und den übrigen Spechtarten dar, denn er sucht seine Nahrung etwa zu gleichen Teilen am Boden und an Bäumen.

In seiner Erscheinung erinnert der 26–33 cm große Grauspecht stark an den Grünspecht. Beim Grünspecht besitzen jedoch beide Geschlechter einen roten Scheitelkamm, während ein solcher nur bei den Grauspecht-Männchen vorhanden ist. Außerdem ist die Augenregion beim Grünspecht schwarz gefärbt und ähnelt einem Dreieck. Dagegen ist dieser Gefiederbereich beim Grauspecht gräulich und wird nur von einem schwarzen Querband durchzogen.

Weiblichen Grauspechten fehlt der rote Stirnkamm.

Männlicher Grauspecht

Das Gesamtverbreitungsgebiet des Grauspechts erstreckt sich von Mitteleuropa, dem Balkan und Südskandinavien über die gemäßigten Klimaregionen Asiens bis nach Korea und Malaysia. Zur Brutzeit halten sie sich zumeist in Wäldern auf. Zwischen Mai und Juni werden in einer selbst gemeißelten Baumhöhle 5–6 Eier gelegt, aus denen nach 14–18 Tagen die Jungen schlüpfen. Nach der Jungenaufzucht streichen die Grauspechte weit umher und erscheinen gelegentlich auch am winterlichen Futterhäuschen.

Grünspecht *(Picus viridis)*

Hinsichtlich der Nahrungssuche „tanzt“ der Grünspecht innerhalb der Familie der Spechte ein wenig aus der Reihe, denn er bohrt mit Vorliebe Löcher in Ameisenhaufen, um sich anschließend an diesen Insekten und deren Larven zu laben.

Der 31–36 cm lange Grünspecht wird gelegentlich auch als Erd- oder Grasspecht bezeichnet, denn er erbeutet seine Nahrung fast ausschließlich am Waldboden oder auf Wiesen. Sein Verbreitungsgebiet umfasst mit Ausnahme des nördlichen Skandinaviens und Irlands ganz Europa, Vorderasien und die Länder entlang der nordafrikanischen Mittelmeerküste. Außer in Laub- und Mischwäldern kommt er häufig in Parkanlagen, Obstplantagen, Alleen und Feldgehölzen vor. Befinden sich derartige Lebensräume in der Nähe, erscheint der Grünspecht auch des Öfteren in Gärten, die über einen großen alten Baumbestand verfügen.

Ein Grünspecht kurz vor dem Abflug aus seiner Bruthöhle

Zwischen April und Mai werden in einer selbst gezimmerten Baumhöhle 5–7 Eier gelegt, aus denen nach rund zwei Wochen die Jungen schlüpfen. Den Winter verbringen die Grünspechte vorwiegend in ihren Brutrevieren.

Der Grünspecht nimmt viel Nahrung am Boden auf.

Tauben

Die Tauben (Columbidae) sind eine sehr artenreiche Vogelfamilie, die mehr als 300 Arten umfasst. Die größte Artenvielfalt herrscht in den Lebensräumen von Südasien bis Australien. Tauben zeichnen sich durch eine fast rein herbivore Ernährungsweise aus und errichten ihre nach menschlichen Maßstäben ein wenig unordentlich aussehenden Nester auf Bäumen, Sträuchern, Felsen oder am Erdboden. Das Gelege umfasst immer zwei Eier. Beim Schlüpfen sind die Jungen noch sehr unvollkommen entwickelt und verkörpern den typischen Nesthockertyp. Während der ersten Lebenstage werden sie von den Altvögeln ausschließlich mit der sogenannten Kropf- oder Taubenmilch gefüttert. Dabei handelt es sich um ein käseähnliches Sekret, das die Eltern in ihrem Kropf bilden. Die Kropfmilch ist derartig nährstoffreich, dass die Jungen ihr Gewicht in der ersten Lebenswoche fast täglich verdoppeln.

Stadttaube *(Columba livia)*

Bei der inzwischen weltweit verbreiteten und auch als Straßentaube bezeichneten Stadttaube handelt es sich um verwilderte Haustauben, die wiederum die domestizierte Form der wild lebenden Felsentaube darstellen.

In den letzten 50 Jahren verwilderte ein Großteil der Haustauben und wurde zu den sogenannten Stadt- oder Straßentauben, die oftmals in enormen Schwärmen in Großstädten auftreten. Dies ist allerdings alles andere als erwünscht, weil diese Vögel nicht nur zahlreiche Krankheiten verbreiten, sondern mit ihrem Kot auch zahlreiche Bauwerke und öffentliche Plätze erheblich verschmutzen.

Haustauben führen jährlich bis zu acht Bruten durch. Wenige Tage nach der Paarung beginnen beide Partner, zusammen ein Nest aus dürren Halmen und Federn zu errichten, das zur Aufnahme des Geleges dient.

An der anschließenden Brut, die 17–18 Tage dauert, beteiligen sich ebenfalls beide Partner. Unmittelbar nach dem Schlüpfen wiegen die noch blinden Täubchen etwa 20 g und weisen nahezu keinen Federflaum auf. Aus diesem Grund werden sie während ihrer ersten Lebenstage fast ständig von den Altvögeln gehudert, indem diese ihr wärmendes Gefieder über dem Nachwuchs ausbreiten. Nach rund 30 Tagen sind die jungen Tauben flügge. Die Nahrung der Haustauben setzt sich vor allem aus verschiedenen Körnern zusammen.

Sämtliche Stadt- und Haustauben stammen von der Felsentaube ab.

Balzende Stadttauben

Hohltaube *(Columba oenas)*

Die 33 cm große Hohltaube lässt sich von den Haus- beziehungsweise Stadttauben, die ihr in der Gefiederfärbung mitunter stark ähneln, am einfachsten durch ihre gelblich gefärbte Schnabelspitze unterscheiden.

Das Verbreitungsgebiet der Hohltaube erstreckt sich mit Ausnahme großer Teile Skandinaviens auf nahezu ganz Europa, Westasien und Nordwestafrika.

Höhlenbrüter

Im Herbst ziehen die Exemplare aus den kälteren Klimaregionen nach Frankreich, Spanien und Nordafrika, um dort zu überwintern. Hohltauben bewohnen Wälder, Parks, Streuobstwiesen sowie große Gärten mit sehr alten Bäumen, in denen sich natürliche Höhlen (z. B. Schwarzspechthöhlen) befinden müssen, die als Brutstätten genutzt werden. Fehlen diese voll und ganz, weichen die Hohltauben in manchen Fällen auf Felsenhöhlen, leere Kaninchenbaue und Nistkästen aus.

Gebrütet wird zweimal pro Jahr, einmal zwischen Ende März und Anfang April und einmal Anfang August. In Gärten finden sich Hohltauben fast nur ein, um Nahrung zu suchen. Diese besteht vor allem aus Körnern, Samen bis Eichelgröße und verschiedenen Beerenarten.

Das markanteste Erkennungsmerkmal der Hohltaube ist ihre gelbe Schnabelspitze.

Hohltaube bei der Nahrungssuche

Ringeltaube *(Columba palumbus)*

Die charakteristischsten Körpermerkmale dieser Taube, von denen sich zugleich der Populärname ableitet, sind die weißen halbmondförmigen bis dreieckigen Flecken, die sich beiderseitig am Hals befinden.

Mit einer Kopf-Schwanz-Länge von bis zu 45 cm repräsentiert dieser Vogel die größte Taubenart Mitteleuropas. Außerhalb Europas, wo die Ringeltaube mit Ausnahme Nordskandinaviens flächendeckend vertreten ist, lebt sie noch in Nordafrika sowie im Westteil Asiens. In Abhängigkeit von der Härte des Winters und dem vorhandenen Nahrungsangebot verbleiben die Vögel entweder in ihren Brutgebieten oder wandern nach Westeuropa oder Nordafrika. Als Lebensräume bevorzugen die Ringeltauben lichte Wälder, offene Landschaften mit Gehölzgruppen, Streuobstwiesen, Alleen, Parks und Friedhöfe. Gelegentlich besiedeln sie aber auch Felder oder Ortschaften. Manchmal kommen sie sogar in den Zentren großer Städte vor.

Im Sommer sind Ringeltauben meist paarweise zu sehen.

Mit Beginn im April erfolgen jährlich bis zu drei Bruten, wobei sich das Nest zumeist auf Bäumen oder Büschen befindet. Beim Fehlen von Gehölzen wird einfach am Boden gebrütet. Die Nahrung besteht vor allem aus Samen, Körnern, Beeren und Knospen.

Junge Ringeltauben im Nest

Ringeltaube beim Start (rechts)

Türkentaube *(Streptopelia decaocto)*

Das Verbreitungsgebiet der etwa 30 cm großen Türkentaube erstreckt sich von den Küsten Norwegens über Mitteleuropa und den Balkan bis Vorderasien und Ostchina, wo sie vor allem Gärten, Parks und Friedhöfe besiedelt.

Die hübsche Turteltaube ist die nahe Verwandte der Türkentaube.

Türkentaube

Die Brutzeit dauert von März bis Oktober, wobei jährlich 3–4 Gelege aufgezogen werden. Zu diesem Zweck wird auf Bäumen oder in Mauernischen ein flaches, vorwiegend aus Reisig bestehendes Nest gebaut. Nach einer Brutdauer von 13–14 Tagen schlüpfen die Jungen aus den Eiern. Das kennzeichnende schwarze Längsband am Hals ist beim Ausbilden der Daunenfedern noch nicht vorhanden. Die Nahrung der Türkentauben setzt sich vor allem aus Samen, Körnern, Beeren und Früchten zusammen.

Die Doppelgängerin

Während die Türkentaube nur ein schwarzes Längsband am Hals besitzt, sind es bei der nahe verwandten Turteltaube *(Streptopelia turtur)* insgesamt vier. Außerdem verfügt die Turteltaube über ein kontrastreicheres Rücken- und Flügelgefieder. Im Flug ist bei einer Turteltaube von unten betrachtet der gesamte Schwanzrand hell gesäumt, während bei der Türkentaube nur der Schwanzansatz ein dunkles, in der Mitte etwas schmaler werdendes Band aufweist.

Greifvögel und Eulen

Zu den typischen Körpermerkmalen der tagaktiven Greifvögel gehören ein zumeist stark gebogener, scharfrandiger Schnabel sowie kräftige Füße mit Krallen, die zum Ergreifen und Festhalten der Beutetiere dienen. Die als Horste bezeichneten Nester werden zumeist selbst gebaut und befinden sich oft in hohen Bäumen oder auf alten Gebäuden.

Bei den Eulen handelt es sich vorwiegend um nächtliche Jäger, die zumeist mit einem überdurchschnittlich guten Gehör und einem hervorragenden Nachtsehvermögen ausgestattet sind. Außerdem kann der Kopf um etwa 270 Grad gedreht werden, wodurch das Gesichtsfeld zusätzlich erweitert wird. Die Jungen werden in Höhlen, verlassenen Nestern anderer Vögel oder manchmal auch in Erdbauen, zum Beispiel von Kaninchen, aufgezogen. Sowohl bei den Jungen der Greifvögel als auch der Eulen handelt es sich um typische Nesthocker.

Sperber *(Accipiter nisus)*

Während der wärmeren Jahreszeit halten sich Sperber bevorzugt in Wäldern, offenem, mit Bäumen durchsetztem Gelände und auf Streuobstwiesen auf. Im Winter wandern sie mitunter in größere Ortschaften ein.

Das Verbreitungsgebiet dieses Greifvogels erstreckt sich mit Ausnahme der nördlichen Randgebiete auf ganz Europa, Nordafrika, die Atlantischen Inseln und die gemäßigten Regionen Asiens. Im Winter ziehen manche Exemplare aus den nördlichen Gefilden teilweise bis nach Südasien. Sperber führen eine recht versteckte Lebensweise, sodass sie häufig unentdeckt bleiben. Im Unterschied zu den etwa taubengroßen Weibchen ist das Männchen rund 10 cm kleiner und außerdem auch noch deutlich schmächtiger. Die Nahrung der Weibchen setzt sich vor allem aus mittelgroßen Vögeln, wie Staren und Drosseln, zusammen, während die Männchen vorwiegend Kleinvögel erbeuten.

Der Horst wird in der zweiten Maihälfte auf Bäumen errichtet. Das Gelege umfasst zumeist 4–6 Eier, die 33–35 Tage bebrütet werden. Bis zum Flüggewerden benötigen die Jungen rund einen Monat.

Sperber beim Rupfen seiner Beute

Sperber im Landeanflug (links)

Jungsperber auf dem Horst

Mäusebussard *(Buteo buteo)*

Der Mäusebussard repräsentiert in Europa den am häufigsten vorkommenden Greifvogel. Beide Geschlechter sind annähernd gleich groß, wobei die Körperlängen 50–57 cm betragen können.

Das Verbreitungsgebiet des Mäusebussards erstreckt sich mit Ausnahme Irlands und den nördlichen Regionen Skandinaviens auf fast ganz Europa, Nordafrika und die gemäßigten Regionen Asiens. Mäusebussarde leben in lichten Wäldern, Feldfluren sowie auf Streuobstwiesen. Neben Mäusen schlagen sie gelegentlich andere kleine Wirbeltiere und große Insekten. Außerdem wird auch Aas nicht verschmäht.

Ihren Horst errichten die Mäusebussarde fast immer auf sehr hohen Bäumen. Die Brut beginnt Ende April, wobei das Gelege meist 2–4 Eier umfasst. Daraus schlüpfen nach 33–35 Tagen die Jungen, die anschließend bis zu 50 Tage im Horst bleiben. Während die meisten Mäusebussarde auch im Winter in ihren Brutgebieten verbleiben, ziehen einzelne Exemplare bis südlich der Sahara oder nach Südostasien.

Farbliche Vielfalt

Kaum ein anderer Greifvogel variiert in seiner Gefiederfärbung so stark wie der Mäusebussard. So kommen neben fast weißlichgrauen auch rostrote und unterschiedlich braun gefärbte Exemplare vor.

Farbvarianten des Mäusebussards

Rotmilan *(Milvus milvus)*

Der etwa 65 cm große Vogel wird auch Roter Milan, Gabelweihe oder Königsweihe genannt. Über 50 Prozent des Gesamtbestands dieser Greifvogelart brüten in Deutschland.

Roter Milan auf einem Jagdansitz

Das Verbreitungsgebiet des Rotmilans erstreckt sich von Nordafrika über Süd- und Mitteleuropa bis nach Dänemark und die westliche Ukraine. Rotmilane bevorzugen als Lebensräume offene, mit hohen Gehölzgruppen durchsetzte Landschaften und integrieren des Öfteren auch Streuobstwiesen und größere, etwas abseits gelegene Gärten gern mit in ihre Jagdreviere. Die Nahrung des Rotmilans besteht aus Säugetieren bis Hasengröße, Vögeln, Fischen, Reptilien, Lurchen und großen Insekten. Außerdem wird häufig auch Aas akzeptiert.

Der Horst, den die Rotmilane entweder selbst bauen oder von anderen Greifvögeln übernehmen, befindet sich fast immer auf sehr hohen Bäumen. Die Brutzeit erstreckt sich von April bis Mai und das Gelege umfasst 2–4 Eier, aus denen nach 32–33 Tagen die Jungen schlüpfen. Bis diese flügge werden, vergehen durchschnittlich 46–52 Tage. Während die Rotmilane in Süd- und Mitteleuropa zumeist ganzjährig in ihren Revieren verbleiben, ziehen die Exemplare aus Polen, Dänemark und der Ukraine im Winter häufig weiter in etwas südlichere Gefilde.

Roter Milan beim Jagdflug

Wanderfalke *(Falco peregrinus)*

In seinem Verbreitungsgebiet, das sich mit Ausnahme der Antarktis über die ganze Welt erstreckt, ist diese Falkenart heutzutage leider vielerorts bereits vom Aussterben bedroht.

Beim Wanderfalken handelt es sich um einen sehr kräftigen Greifvogel, bei dem die Weibchen häufig über 50 cm groß werden, während die Körperlänge der Männchen nur etwa 35 cm beträgt. Die Wanderfalken bewohnen vor allem Wälder und offene Feldfluren und nutzen gern Streuobstwiesen als Ansitze für ihre zielgenauen Jagdflüge.

Ihre Beute setzt sich nahezu komplett aus Vögeln (von Sperlings- bis Entengröße) zusammen. Ungeachtet dessen werden auch größere Insekten, die dem Wanderfalken zufällig vor den Schnabel fliegen, nicht verschmäht.

Wanderfalke auf Jagdansitz

Gehorstet wird auf hohen Bäumen oder in Fels- beziehungsweise Mauernischen. In Mitteleuropa erfolgt die Brut Anfang Mai. Das 3–4 Eier umfassende Gelege wird 34–38 Tage lang bebrütet. Bis zum Flüggewerden der Jungen vergehen weitere 42–46 Tage. In Mitteleuropa verbleiben die Altvögel zumeist ganzjährig in ihren Brutrevieren, während die Jungvögel im Herbst oft nach Afrika oder Südeuropa ziehen.

Wanderfalke an einem Nistkasten

Turmfalke *(Falco tinnunculus)*

Turmfalken siedeln sich nicht nur in Waldgebieten, auf Streuobstwiesen, in Alleen und Feldfluren an, sondern als Kulturfolger auch in Ortschaften, wo sie ihre Horste gern in alten Gemäuern, wie Kirchtürmen, Burgruinen und Scheunen, errichten.

Männlicher Turmfalke

Weibchen kaum größer

Beim Turmfalken ist das Weibchen, dessen Körperlänge etwa 36 cm beträgt, nur geringfügig größer als das Männchen. Letzteres besitzt einen grauen Oberkopf und einen ebenso gefärbten Bürzel, während diese Körperbereiche beim Weibchen mehr bräunlich sind. Außer in Europa ist der Turmfalke in nahezu ganz Asien sowie großen Teilen Afrikas verbreitet. Die Nahrung der Turmfalken besteht vor allem aus Mäusen. Außerdem erbeuten sie gelegentlich noch kleine Vögel und größere Insekten.

Die Brut beginnt Ende April bis Anfang Mai und dauert etwa 28 Tage. Nach reichlich 30 Tagen sind die Jungen flügge. Turmfalken aus den kälteren, nördlichen Klimaregionen ziehen im Herbst nach Süden, während die meisten anderen Exemplare dann ganzjährig in ihren Brutgebieten verbleiben.

Wenig Verluste unter den Nestlingen

Während bei vielen anderen Greifvögeln die Nestlinge untereinander häufig sehr aggressiv sind und deshalb oft nur der Stärkste überlebt, ist das bei den Falken nicht der Fall. Außerdem achten die Altvögel sehr darauf, dass bei der Fütterung alle Jungvögel etwa die gleichen Nahrungsmengen erhalten.

Weiblicher Turmfalke am Horst

Schleiereule *(Tyto alba)*

Diese Eulenart besiedelt bevorzugt offene Landschaften und menschliche Siedlungen, wo sie sich tagsüber gern in halbdunklen Gebäuden, wie etwa Scheunen, Türmen, Burgen und Ruinen, versteckt.

Schleiereulen können eine Kopf-Schwanz-Länge von gut 30 cm erreichen, wobei die Weibchen geringfügig größer sind als die Männchen. Mit Ausnahme Nordrusslands und Skandinaviens ist diese Eule in nahezu ganz Europa sowie Vorder- und Südasien, Afrika, Amerika und Australien verbreitet.

Die Eier werden entweder in erhöhten Nischen oder am Boden des Gebäudes gelegt, in dem sich die Schleiereulen gerade aufhalten. In Abhängigkeit vom vorhandenen Nahrungsangebot bestehen die Gelege zumeist aus 4–6 Eiern, in Ausnahmefällen können es aber auch elf sein, die 30 Tage lang vom Weibchen bebrütet werden. Das Futter für die Jungen beschaffen beide Eltern. Es besteht vorwiegend aus Mäusen und Spitzmäusen. Ältere Schleiereulen bleiben zumeist ganzjährig in ihren Brutrevieren. Dagegen ziehen jüngere Exemplare gelegentlich umher, um ein für sich geeignetes Revier zu finden.

Schleiereule kurz vor der Landung auf einem nächtlichen Jagdansitz

Schleiereule mit Jungen bei der Fütterung (rechts)

Schleiereulen vertilgen große Mengen von Nagetieren.

Steinkauz *(Athene noctua)*

Als Lebensräume bevorzugt der bis 23 cm große Steinkauz offenes, mit vereinzelten Baumgruppen bestandenes Gelände, Friedhöfe, Parks sowie Obstgärten, die einen alten Baumbestand aufweisen.

Mit Ausnahme der nördlichen Bereiche besiedelt er ganz Europa, Vorder- und Zentralasien sowie Nord- und Nordostafrika. Falls die vorhandene Nahrung im Winter ausreicht, bleiben Steinkäuze ganzjährig in ihren Brutrevieren. Ansonsten streifen sie während dieser Zeit umher. Sobald jedoch der Frühling Einzug hält, besetzen diese Steinkäuze erneut Reviere.

Ihre 4–6 Eier legt diese Eulenart oft in Baumhöhlen, Mauernischen und Felslöcher, aber manchmal auch in Nistkästen und Taubenschläge. Die anschließende Brutdauer variiert zwischen 22 und 30 Tagen. Die Nahrung, mit der die Jungvögel gefüttert werden, ist weitgehend mit dem Speiseplan der Altvögel identisch und besteht aus Mäusen, Kleinvögeln, Lurchen und Reptilien sowie größeren Käfern und Würmern.

Steinkäuze vor einer Niströhre

Steinkauz in einem alten Kirschbaum

Sperlingskauz *(Glaucidium passerinum)*

An seine „Kinderstube“ stellt der Sperlingskauz hohe Ansprüche. Zumeist werden nur Höhlen für tauglich befunden, die ein sehr enges Einflugloch aufweisen, damit die Jungen später vor Fressfeinden relativ sicher sind.

Bei dem etwa starengroßen Sperlingskauz handelt es sich um einen scheuen Vogel, der bevorzugt alte Nadel- und Mischwälder besiedelt, wobei er allerdings des Öfteren angrenzende Gärten und Streuobstwiesen mit in sein Jagdgebiet integriert. Sein Verbreitungsgebiet erstreckt sich von Nord- über Mitteleuropa bis Vorderasien und Westsibirien.

Auch am Tag zu sehen

Die Brut erfolgt zwischen April und Mai in einer Baumhöhle oder einem alten Spechtloch. Nach einer Brutdauer von rund 30 Tagen schlüpfen aus den 4–7 Eiern die Jungen, welche durch beide Altvögel mit geschlagenen Vögeln und Mäusen gefüttert werden. Weil Sperlingskäuze im Vergleich zu vielen anderen Eulenarten nachts deutlich schlechter sehen, jagen sie häufig auch tagsüber.

Winterliche Speisekammern

Zwischen November und Januar legen Sperlingskäuze häufig in Baumhöhlen große Vorratslager für den Winter an, in denen sie manchmal bis zu 200 Beutetiere deponieren.

Von Sperlingskäuzen werden Bruthöhlen mit einem kleinen Einflugloch bevorzugt.

Sperlingskäuze während der Paarung

Sperlingskauz vor seiner Bruthöhle

Waldkauz *(Strix aluco)*

Waldkäuze sind sehr aufopferungsvolle Eltern, die sowohl ihr Gelege als auch ihre Jungen energisch gegen jeden potenziellen Feind verteidigen. Dabei scheuen sie sich auch nicht, Menschen zu attackieren. Deshalb sollte man nicht versuchen, in die Höhle eines Waldkauzes hineinzuschauen, der sich beispielsweise im Obstgarten eingenistet hat.

Mit etwas Glück kann man einen Waldkauz auch am Tage erblicken.

Das Verbreitungsgebiet des knapp 40 cm großen Waldkauzes erstreckt sich von Europa über Sibirien bis nach Korea und Nordchina. Außerdem ist diese Eulenart auch in Nordafrika anzutreffen. Waldkäuze besiedeln sowohl Wälder als auch Kulturlanschaften, Parkanlagen, Streuobstwiesen, Kirchtürme, Burgruinen und Gärten, die einen größeren Altbaumbestand aufweisen.

Notfalls genügt ein altes Krähennest

In derartigen Lebensräumen wählen Waldkäuze, die zeitlebens als Paare zusammenbleiben, Baumhöhlen, große Nistkästen und Felsnischen als Brutplätze. Fehlen dort aber derartige Bruthöhlen, begnügen sie sich mit verlassenen Greifvogelhorsten, Krähennestern oder leer stehenden Kaninchenbauen. Zwischen März und April werden 3–5 Eier gelegt, aus denen nach etwas über einem Monat die Jungen schlüpfen.

Unverdauliches wird herausgewürgt

Waldkäuze sind Ansitzjäger, die ihre Jagdflüge fast immer von bestimmten Bäumen aus starten. Ihre ausschließlich tierische Nahrung besteht

Waldkauz beim Baden

neben Spitzmäusen, Amphibien, Fischen, großen Insekten, Schnecken und Regenwürmern vor allem aus Mäusen sowie kleineren Vögeln. Unter den Ansitzbäumen findet man des Öfteren Gewölle, die ein mehr oder weniger walzenförmiges Aussehen haben. Diese Gewölle, die beinahe nur unverdauliche Nahrungsbestandteile, wie Tierhaare, Federn sowie Chitinpanzer, enthalten, werden von den Käuzen in unregelmäßigen Abständen aus ihrem Verdauungstrakt hervorgewürgt.

Als Todesvogel verfolgt

Weil Waldkäuze häufig ein „kuwit" und Steinkäuze ein „guuk kuwit" ertönen lassen, wurden sie in früheren Jahrhunderten vielerorts von abergläubischen Menschen verfolgt und getötet. Die „kuwit"-Rufe interpretierte man damals als ein „Komm mit (auf den Friedhof)!" und ächtete beide Kauzarten als einen Sendboten des Todes.

Waldkauz vor seiner Bruthöhle

Sonstige Vögel

In diesem Kapitel werden diejenigen Vogelarten zusammengefasst, die zu keiner der vorangegangenen Ordnungen beziehungsweise Familien gehören. In vielen Fällen handelt es sich dabei um ausgesprochene Spezialisten, die nicht selten durch ein äußerst interessantes Verhalten, ihr buntes Gefieder oder eine faszinierende Brutbiologie begeistern.

Stockente *(Anas platyrhynchos)*

Im Unterschied zur weiblichen Stockente, die eine weitgehend unscheinbare graubraune Gefiederfärbung aufweist, ist das als Erpel bezeichnete Männchen sehr bunt gefärbt.

Das Verbreitungsgebiet dieser Wasservögel erstreckt sich von Europa und Nordafrika über die gemäßigten Klimaregionen Asiens bis nach Nordamerika. Außerdem wurde diese Art durch den Menschen auch in Neuseeland und Australien eingeführt. Stockenten halten sich bevorzugt in Wassernähe auf, weshalb für sie vor allem Gärten interessant sind, die über einen größeren Teich verfügen.

Typische Nestflüchter

Im März legen sie in einem am Boden oder auf Bäumen befindlichen Nest 7–15 Eier ab, aus denen nach 22–28 Tagen Brutzeit die Entenküken schlüpfen. Bei diesen handelt es sich um typische Nestflüchter, die bereits kurze Zeit nach dem Schlüpfen der Mutter folgen, dabei auch nicht vor großen Wasserflächen zurückschrecken und selbstständig Futter aufnehmen.

Stockente mit ihrem Nachwuchs

Für den Gartenteich empfehlenswert?

Eher nicht! Wenn ein Pärchen der auch als Märzenten bezeichneten Stockenten den Versuch unternimmt, am Gartenteich ein Nest zu errichten und sich dauerhaft anzusiedeln, sollte genau überlegt werden, ob man das tatsächlich dulden will. Nicht selten fressen die Enten nämlich binnen kürzester Zeit sämtliche Wasserpflanzen und kleinen Fische aus dem Teich und verwandeln ihn dabei in eine „trübe Brühe".

Das Gelege einer Stockente

Rebhuhn *(Perdix perdix)*

Rebhühner sind typische Nestflüchter. Die Jungen besitzen beim Schlüpfen bereits ein komplettes Daunengefieder, können nach wenigen Minuten schon laufen und selbstständig Nahrung aufnehmen.

Mit Ausnahme der Pyrenäenhalbinsel und Teilen Skandinaviens besiedelt das zu den Hühnervögeln gehörende Rebhuhn ganz Europa, den Vorderen Orient und die gemäßigten Klimaregionen Asiens bis zum Baikalsee. Als Lebensräume bevorzugt es Wiesen, Feldfluren, die von Feldgehölzen und Hecken durchsetzt sind, Weinberge sowie Streuobstwiesen. In Mitteleuropa ist dieser Vogel aufgrund der Intensivbewirtschaftung von Feldern, Wiesen und Weiden vielerorts vom Aussterben bedroht.

In das am Boden befindliche Nest werden zwischen April und Juni 12–20 Eier gelegt, aus denen nach 24–25 Tagen die Jungen schlüpfen. Die Nahrung der Rebhühner besteht zu etwa 70 % aus pflanzlichen Komponenten, wie Samen, Getreidekörner, Blätter, Beeren, Knospen, und entsprechend zu 30 % aus tierischen Bestandteilen, wie Insekten, Würmer und Schnecken. Im Winter verbleiben die Vögel in ihrem Brutgebiet.

Rebhühner auf Nahrungssuche

Auf dieser Wiese ist das Rebhuhn hervorragend getarnt.

Fasan *(Phasianus colchicus)*

Im Unterschied zu den Hennen, die ein braunes Gefieder mit schwärzlicher Sprenkelung besitzen, sind die Fasanhähne äußerst bunt gefärbt.

Beim Fasan, der oftmals auch als Jagdfasan bezeichnet wird, handelt es sich um einen ursprünglich in Mittelasien heimischen Hühnervogel, der bereits von den Römern nach Europa eingeführt wurde. Hier konnte er sich mit Ausnahme der Pyrenäenhalbinsel sowie Teilen Skandinaviens überall dauerhaft etablieren. Außerdem wurde der Fasan in den vergangenen 200 Jahren auch in Nordamerika, Australien und Neuseeland eingeführt. Er besiedelt gern Waldränder, Auenwälder, Feldfluren und Streuobstwiesen.

Zwischen Mai und Juni wird am Boden ein Nest errichtet, in das die Henne 8–15 Eier legt, aus denen nach 22–27 Tagen die voll entwickelten Küken schlüpfen. Als typische Nestflüchter sind sie sofort lauffähig und können bereits 14 Tage später fliegen. Die Nahrung des Fasans besteht vorwiegend aus Körnern, Beeren, Eicheln, keimender Saat, Knospen und Wurzeln. Falls sich die Möglichkeit bietet, werden aber auch Mäuse, Eidechsen, Lurche, Jungvögel, Würmer, Schnecken und Insekten erbeutet.

Männlicher Fasan

Kiebitz *(Vanellus vanellus)*

Der in den letzten Jahrzehnten selten gewordene Kiebitz erreicht eine Kopf-Schwanz-Länge von etwa 28 cm und gehört zur Familie der Regenpfeifer.

Sein Verbreitungsgebiet erstreckt sich mit Ausnahme großer Teile der Pyrenäenhalbinsel sowie Skandinaviens auf ganz Europa, Nordafrika und die gemäßigten Klimaregionen Asiens. Im Herbst ziehen diese Vögel nach Westeuropa, Nordafrika oder Südasien, um dort zu überwintern. Ab Anfang März erscheinen die Kiebitze wieder in ihren Brutgebieten. Sie errichten dann sofort ihre am Boden befindlichen Nester, in die vier Eier gelegt und anschließend 3–4 Wochen lang bebrütet werden. Bei den Kiebitzküken handelt es sich um Nestflüchter, die schon kurze Zeit nach dem Schlüpfen herumlaufen und selbstständig Nahrung aufnehmen. Kiebitze bewohnen am liebsten gemeinsam mit Artgenossen offene, möglichst feuchte Wiesen- und Weidelandschaften. Falls an diese Lebensräume Gärten oder Streuobstwiesen grenzen, finden sich die Kiebitze gelegentlich zur Nahrungssuche ein. Die Nahrung besteht vorwiegend aus Insekten und deren Larven, die nicht nur tagsüber, sondern oft auch nachts erbeutet werden.

Der Kiebitz hat eine Vorliebe für feuchtes bis nasses Gelände.

Kuckuck *(Cuculus canorus)*

In Mitteleuropa hält sich der Kuckuck bevorzugt in lichten Wäldern, Auen sowie offenen, mit einzelnen Bäumen oder Gehölzgruppen bestandenen Landschaften und in großen Obstgärten auf, wo er häufig seinen Ruf hören lässt, von dem sich auch der Populärname dieses Vogels ableitet.

In Europa, den gemäßigten Klimazonen Asiens sowie den wärmeren Regionen Chinas ist der Kuckuck nur ein Sommergast. Im Spätsommer verlässt er diese Gebiete, um ins südliche Afrika zu fliegen.

Die Eier sind zur Adoption freigegeben

Der Kuckuck ist ein Brutparasit. Er legt sein Ei (in ganz seltenen Fällen auch zwei) oft in Sekundenschnelle in die Nester anderer Vögel. Falls das aufgrund der Nestkonstruktion – wie etwa beim Kugelnest des Zaunkönigs – nicht möglich ist, legt der Kuckuck das Ei zunächst auf dem Boden ab, um es anschließend sofort

Der Kuckuck gehört zu den Arten, die Brutparasitismus praktizieren.

Eine Gebirgsstelze füttert einen jungen Kuckuck.

Klimawandel bewirkt Kuckucksrückgang

In den letzten Jahrzehnten haben sich die Kuckucksbestände in Mitteleuropa deutlich verringert, was sehr wahrscheinlich auf den Klimawandel zurückzuführen ist. Aufgrund der milden Winter beginnt nämlich bei immer mehr potenziellen Wirtsvögeln das Brutgeschehen schon zu einem Zeitpunkt, zu dem der Kuckuck noch nicht aus seinem Winterquartier zurückgekehrt ist. So befinden sich in vielen Wirtsvögelnestern bereits die geschlüpften Nestlinge, sodass es dem Kuckuck nicht mehr möglich ist, sein Ei einem fremden Gelege unterzuschieben.

mit dem Schnabel in das Einflugloch hineinzuschieben. Die Liste der Kuckuckswirte umfasst etwa 100 Arten, von denen stellvertretend die Mönchsgrasmücke und der Teichrohrsänger genannt seien.

Interessant ist dabei, dass sowohl das Kuckucksei als auch das später daraus schlüpfende Küken deutlich größer und massiger ist als das Gelege und die Nestlinge der „Pflegeeltern“. Letztere kümmern sich aber ganz besonders intensiv um den jungen Kuckuck und vernachlässigen dabei ihre eigene Brut.

Doch damit nicht genug: Nach einiger Zeit wirft der junge Kuckuck seine Stiefgeschwister aus dem Nest, weil er schneller wächst als diese und der vorhandene Platz nicht mehr für alle ausreicht. Die Natur hat diesen Brutparasitismus unter anderem deshalb beim Kuckuck „eingerichtet“, da seine Nahrung neben Käfern und Heuschrecken zu einem Großteil aus behaarten Schmetterlingsraupen besteht, die seine nestjungen Nachkommen noch gar nicht bewältigen könnten.

Ein Jungkuckuck befördert ein Ei (rechts im Bild) aus dem Nest einer Heckenbraunelle.

Mauersegler *(Apus apus)*

Obwohl der Mauersegler zu den Seglern gehört, erinnert er in seinem Aussehen stark an mehrere andere Vogelarten. So hat er die Größe eines Sperlings, das elegante Flugbild einer Schwalbe und sein Kopf wirkt fast wie die Miniaturausgabe eines Greifvogels.

Sein Verbreitungsgebiet erstreckt sich mit Ausnahme des hohen Nordens über ganz Europa, Nordafrika und die gemäßigten Klimaregionen Asiens bis ins nordöstliche China. Im August zieht der Mauersegler weit ins Innere Afrikas oder sogar bis an die südliche Spitze dieses Kontinents.

Mauersegler siedeln sich oft in Ortschaften an, wo sie im Mauerwerk oder in Nistkästen geeignete Möglichkeiten für den Bau ihrer Nester finden. Das Nistmaterial, das vor allem aus Tierhaaren, Federn und winzigen Halmen besteht, erhaschen die Mauersegler im Flug. Anschließend verbinden sie diese Materialien mithilfe ihres klebrigen Speichels. Zwischen Mai und Juni werden 2–3 Eier gelegt, aus denen nach durchschnittlich 19 Tagen die Jungen schlüpfen. Diese sind bei der Geburt nackt und blind und benötigen mindestens 40 Tage bis zum Flüggewerden. Die Nahrung des Mauerseglers, die er im Flug erbeutet, besteht aus Insekten und winzigen, an Fäden schwebenden Spinnen.

Der Kopf des Mauerseglers erinnert an den eines Greifvogels.

Ein Mauersegler schaut aus einer Nistspalte heraus.

Eisvogel *(Alcedo atthis)*

Gelegentlich stellt sich der bunt schillernde Eisvogel, der seine Nahrung stets von einer Sitzwarte über dem Wasser aus im Sturzflug erbeutet, auch in Gärten ein, in denen Teiche mit reichlich Jungfischen, Kaulquappen und Wasserinsekten vorhanden sind.

Das Verbreitungsgebiet des Eisvogels umfasst mit Ausnahme von Nordskandinavien ganz Europa, Nordafrika sowie große Teile der gemäßigten Klimazonen Asiens. Er siedelt sich fast immer an stehenden und fließenden Gewässern an, die von steil ansteigenden Uferwänden gesäumt werden. In diese graben die Eisvögel ihre langen Niströhren.

Pro Jahr sind beim Eisvogel zwei Bruten möglich, wobei jedes Mal 6–7 Eier gelegt werden, aus denen nach etwa drei Wochen die Nestlinge schlüpfen. Diese werden von den Altvögeln anfangs mit Insekten, später zunehmend mit kleinen Fischen und Kaulquappen ernährt. Nach durchschnittlich 25 Tagen sind die Jungen flügge. Den Winter verbringen die Eisvögel in ihren Brutgebieten, wobei sie sich dann hauptsächlich an nicht zugefrorenen Gewässern aufhalten.

Eisvogel auf einem Jagdansitz

Eisvogel bei der Gefiederpflege

Bienenfresser *(Merops apiaster)*

Viele Naturfreunde und Vogelliebhaber sehen den Bienenfresser als den farbenprächtigsten Vogel Europas an. In Gärten verirren sie sich allerdings meist nur, wenn sie die Äste größerer Bäume als „Startplätze" für ihre Beutefangflüge ausgewählt haben.

Obwohl sich das Hauptverbreitungsgebiet des Bienenfressers auf Südeuropa, Südwestasien und Nordafrika konzentriert, wandern vereinzelte Exemplare in den Sommermonaten bis nach Mitteleuropa, Großbritannien und Skandinavien, wo sie mitunter sogar auch brüten. Zu diesem Zweck wählen sie sandige oder lehmige Steilwände aus, in die sie dann Röhren graben, die zur Aufnahme des 4–7 Eier umfassenden Geleges dienen. Nach einer Brutdauer von 20–22 Tagen schlüpfen die Jungen, die anschließend von den Altvögeln mit Bienen, Wespen, Hummeln, Käfern sowie auch Libellen gefüttert werden.

Die Insekten werden von den Bienenfressern fast immer im Flug erbeutet. Damit die wehrhaften Vertreter unter ihnen den Vögeln beim Verschlingen keine Stiche mehr versetzen können, werden sie erst auf eine harte Unterlage geschlagen und danach zur Sicherheit noch kräftig mit dem Schnabel durchgeknetet.

Bienenfresser mit erbeuteter Libelle

Paar des Bienenfressers auf einem Ast

Sich paarende Bienenfresser (rechts)

Wiedehopf *(Upupa epops)*

Der ziemlich seltene Wiedehopf, den man leicht anhand seiner markanten Federhaube identifizieren kann, erreicht eine Kopf-Schwanz-Länge von 26–28 cm. Genistet wird in Höhlen und Halbhöhlen, wie sie beispielsweise in Bäumen und Steinhaufen vorhanden sind.

Im Frühjahr erscheinen die Wiedehopfe in ihren vorder- und mittelasiatischen sowie mitteleuropäischen Brutgebieten. Bei diesen Exemplaren handelt es sich nur um Sommergäste, die im Herbst wieder in die Winterquartiere fliegen. Sie befinden sich in Indien und an der afrikanischen Ostküste. Darüber hinaus existieren in Spanien, Portugal, Südostasien und Afrika aber auch Wiedehopf-Populationen, die ganzjährig in ihren Brutgebieten bleiben. In Mitteleuropa besiedelt der Wiedehopf am liebsten mit Baumgruppen bestandenes Grünland, lichte Wälder sowie große Obstgärten und Streuobstwiesen.

Ein Wiedehopf fliegt mit Futter im Schnabel seine Nisthöhle an.

Ein Wiedehopf auf Nahrungssuche

Das Gelege besteht aus 6–8 Eiern, aus denen zumeist nach 17–18 Tagen die Jungen schlüpfen. Sie werden mit Insekten, Würmern und Spinnen, aber auch mit jungen Fröschen und Eidechsen gefüttert. Gelegentlich plündern die Altvögel die Gelege anderer Vogelarten. Genau wie die Altvögel sind die jungen Wiedehopfe bereits in der Lage, mittels ihrer Bürzeldrüse ein sehr unangenehm riechendes Sekret auszuscheiden. Diese Sekretausscheidungen erfolgen besonders intensiv, wenn die Wiedehopfe von potenziellen Fressfeinden angegriffen werden.

Register

Aas 76
Aaskrähe 178
Accipiter nisus 230
Aegithalos caudatus 160
Alauda arvensis 106
Alcedo atthis 249
Ammern 206 ff.
Amsel 128
Anas platyrhynchos 242
Anthus pratensis 116
– *trivialis* 117
Apus apus 248
Athene noctua 236

Bachstelze 112
Bäder 39
Bartmeise 159
Bauanleitung 50 ff.
Baumläufer 172 f.
Baumpieper 117
Beeren 78
Bergfink 202
Bienenfresser 250
biologisches Gleichgewicht 81 f.
Birkenzeisig 197
Blassspötter 136
Blaukehlchen 153
Blaumeise 162
Blutfink 204
Bluthänfling 193
Blutspecht 218
Bombycilla garrulus 120
Braunellen 124 f.
Braunkehlchen 157
Buchfink 200
Buntspecht 214
Buteo buteo 231

Carduelis cannabina 193
– *carduelis* 194
– *chloris* 196
– *flammea* 197
– *spinus* 198
Carnivore 70 ff.
Certhia brachydactyla 172
– *familiaris* 173
Cinclus cinclus 121
Coccothraustes coccothraustes 199
Columba livia 224
– *oenas* 225
– *palumbus* 226
Corvus corax 177
– *corone cornix* 178
– *corone corone* 178
– *frugilegus* 180
– *monedula* 181
Cuculus canorus 246
Cyanistes caeruleus 162
Cygnus olor 29

Delichon urbicum 108
Dendrocopos leucotos 215
– *major* 214
– *medius* 216
– *minor* 217
– *syriacus* 218
Dinosaurier 8
Distelfink 194
Dohle 181
Dompfaff 204
Dorndreher 174
Dorngrasmücke 145
Drosseln 126 ff.
Drosselschmiede 131

Eichelhäher 182
Eier legen 8 f.
Einflugloch 47 f., 53
Eisvogel 249
Eiweiße 64
Elster 184
Emberiza calandra 206
– *cia* 207
– *cirlus* 208
– *citrinella* 209
– *hortulana* 210
– *melanocephala* 211
Entenvögel 242
Erdspecht 221
Ergänzungsstoffe 62 ff.
Erithacus rubecula 148
Erlenzeisig 198
Eulen (Familie) 236 ff.
Eulen 228, 235 ff.
Eurasische Wasseramsel 121
Europäisches Schwarzkehlchen 158
Evolution 8 f.

Falco peregrinus 233
– *tinnunculus* 234
Falken 233 f.
Fasan 244
Fasanenartige 243 f.
Feldlerche 106
Feldschwirl 138
Feldsperling 191
Felsentaube 224
Fensterscheiben 97
Fette 66
Ficedula hypoleuca 150
Fichtenkreuzschnabel 203
Finken 193 ff.
Fitis 141
Fitislaubsänger 141
Fliegenschnäpper 148 ff.
Fliesen-Riemchen 59
Flüggewerden 13
Flugvermögen 9
Freibrüter 54
Fringilla coelebs 200
– *montifringilla* 202

Früchte 78
Fuchs 101
Futterhäuschen 87 f.
Fütterung 84 ff.

Gabelweihe 232
Galerida cristata 107
Ganzjahresfütterung 84 f.
Garrulus glandarius 182
Gartenammer 210
Gartenbaumläufer 172
Gartengrasmücke 144
Gartenrotschwanz 156
Gartenrotschwänzchen 156
Gebirgsstelze 114
Gefahren 90 ff.
Gelbspötter 135
Gesang 14
Giftstoffe 96
Gimpel 204
Girlitz 205
Glaucidium passerinum 237
Goldammer 209
Goldamsel 176
Goldhähnchen 118 f.
Grasspecht 221
Grauammer 206
Grauspecht 220
Greifvögel 228 ff.
Großer Buntspecht 214
Grünfink 196
Grünling 196
Grünspecht 221
Guthäher 182

Habichtartige 230 ff.
Halbhöhlenbrüter 45 ff.
Hassen 103
Haubenlerche 107
Haubenmeise 164
Hausrotschwanz 155
Hausrotschwänzchen 155
Haussperling 188
Haustaube 224
Heckenbraunelle 124
Herbivore 70 ff.
Hippolais icterina 135
Hirundo rustica 110
Höckerschwan 29
Höhlenbrüter 45 ff.
Hohltaube 225
Holzbeton 46, 48
Hormone 69
Hudern 13
Hunde 23, 102

Iduna pallida 136
Insekten 72 f.
Insektizide 95 f.

Jagdfasan 244
Jynx torquilla 219

Kappenammer 211
Katzen 39 f., 49, 53, 102
Kernbeißer 199
Kiebitz 245
Klappergrasmücke 146
Kleiber 170
Kleinspecht 217
Kohlenhydrate 66
Kohlmeise 166
Kolkrabe 177
Komposthaufen 83
Königsweihe 232
Konkurrenz 92
Körner 76 ff.
Körpertemperatur 8
Kropfmilch 223
Kuckuck 246
Kulturfolger 28
Kurzstreckenzieher 11

Langstreckenzieher 11
Lanius collurio 174
– *excubitor* 175
– *senator* 174
Lebensraumzerstörung 95
Leinfink 197
Lerchen 106 f.
Locustella fluviatilis 137
– *naevia* 138
Lophophanes cristatus 164
Loxia curvirostra 203
Luscinia luscinia 151
– *megarhynchos* 152
– *svecica cyanecula* 153
– *svecica svecica* 153

Magolves 182
Magnetsinn 11
Marder 49, 53, 99 ff.
Märzente 242
Mauersegler 248
Mäusebussard 231
Mehlschwalbe 108
Meisen 161 ff.
Meisenglocken 87 f.
Meisenkasten 50 ff.
Merle 128
Merops apiaster 250
Milvus milvus 232
Mineralstoffe 67 f.
Mischgärten 22
Misteldrossel 134
Mittelspecht 216
Mönchsgrasmücke 142
Mönchsmeise 168
Monticola saxatilis 126
Motacilla alba 112
– *cinerea* 114
– *flava* 115
Müllerchen 146

Nachtigall 152
Nährstoffe 62 ff.
Nahrung 60 ff.
Nahrungsbestandteile 72 ff.
Nahrungskomponenten 62 ff.
natürliche Auslese 92
naturnahe Gärten 19, 32 f.
Nebelkrähe 178
Nestbau 99
Nestflüchter 12 f.
Nesthocker 12 f.
Nestlinge 13
Nesträuber 48 f., 53, 99 ff.
Neuntöter 174
Nistbusch 55
Nisthilfen 54 ff.
Nistkästen 42 ff., 50 ff.
Nistquirl 54 f.

Nisttasche 55 f.
Nonnenmeise 169
Nordfink 202
Nussgackl 182
Nutzgärten 18 f.
Nützlinge 80 ff.

Obstplantagen 22
Oenanthe oenanthe 154
Omnivore 72
Oriolus oriolus 176
Ortolan 210

Panurus biarmicus 159
parkähnliche Anlagen 22 f.
Parus major 166
Passer domesticus 188
– *hispaniolensis* 190
– *montanus* 191
Perdix perdix 243
Periparus ater 161
Phasianus colchicus 244
Phoenicurus ochruros 155
– *phoenicurus* 156
Phylloscopus collybita 139
– *sibilatrix* 140
– *trochilus* 141
Pica pica 184
Picus canus 220
– *viridis* 221
Pieper 116 f.
Pirol 176
Pneumatisierung 9
Poecile lugubris 165
– *montana* 168
– *palustris* 169
Proteine 64
Prunella modularis 124
Pyrrhula pyrrhula 204

Rabenkrähe 178
Rabenvögel 177 ff.
Räuber 99 ff.
Raubwürger 175
Rauchschwalbe 110
Rebhuhn 243
Regenpfeifer 245
Regulus ignicapillus 118
– *regulus* 119
Reinigung 49
Reisighaufen 56
Revier 14, 45
Ringeltaube 226
Rotdrossel 127
Roter Milan 232
Rotkehlchen 148
Rotkopfwürger 174
Rotmilan 232
Rotrückenwürger 174
Rotspecht 214
Rotstern-Blaukehlchen 153

Saatkrähe 180
Samen 76 ff.
Saxicola maura 158
– *rubetra* 157
– *rubicola* 158
Schädlinge 80 ff.
Schädlingsbekämpfungsmittel 95
Schafstelze 115
Scheinangriffe 103
Schildspecht 214
Schlagschwirl 137
Schleiereule 235
Schnecken 72
Schneekönig 122
Schwalben 108 ff.
Schwanzmeise 160
Schwärme 11, 76
Schwarzdrossel 128
Schwarzkehlchen 158
Segler 248
Seidenschwanz 120
Serinus serinus 205
Sibirisches Schwarzkehlchen 158
Singdrossel 131
Singvögel 104 ff.
Sitta europaea 170
Sommergoldhähnchen 118
Spatz 188
Spechte 212 ff.
Spechtmeise 170
Sperber 230
Sperbergrasmücke 147
Sperlinge 188 ff.
Sperlingskauz 237
Sperlingsvögel 104 ff.
Sperren 13
Spinnentiere 72 f.
Spinte 250
Sprosser 151
Spurenelemente 69
Stadttaube 224
Standvögel 10 f.
Star 186
Steinkauz 236
Steinrötel 126
Steinschmätzer 154
Stelzen 112 ff.
Stieglitz 194
Stockente 242
Störungen 23, 99, 102
Straßentaube 224
Streptopelia decaocto 227
– *turtur* 227
Streuobstwiesen 22
Strix aluco 238
Strukturen 32 ff.
Sturnus vulgaris 186
Sumpfmeise 169
Sylvia atricapilla 142
– *borin* 144
– *communis* 145
– *curruca* 146
– *nisoria* 147

Tannenmeise 161
Tauben 222 ff.
Taubenmilch 223
Teilzieher 10 f.
Thermokomposter 83
Thermoregulation 8
Totholz 37
Tränke 39 f.
Trauerfliegenschnäpper 150
Trauermeise 165
Trauerschnapper 150
Trauerschnäpper 150
Troglodytes troglodytes 122
Turdus iliacus 127
– *merula* 128
– *philomelos* 131
– *pilaris* 132
– *viscivorus* 134
Türkentaube 227

Turmfalke 234
Turteltaube 227
Tyto alba 235

Umgebung 24 ff.
Umweltgifte 95 f.
Upupa epops 251

Vanellus vanellus 245
Vitamine 67, 78
Vogel Bülow 176
Vogelfütterung 84 ff.
Vogelgesang 14
Vogelkot 58 f.
Vogelparadiese 30 ff.
Vogelsilhouetten 97
Vogeltränke 39 f.
Vogeluhr 14 f.

Wacholderdrossel 103, 132
Waldbaumläufer 173
Waldkauz 238
Waldlaubsänger 140
Wanderfalke 233
Wandriemchen 59
Wasser 38 ff.
Wasseramsel 121
Weichfutter 84 f.
Weidenlaubsänger 139
Weidenmeise 168
Weidensperling 190
Weißrückenspecht 215
Weißstern-Blaukehlchen 153
Wendehals 219
Wiedehopf 251
Wiesen 24 f., 38
Wiesenbrüter 22
Wiesenpieper 116
Winterfütterung 85 ff.
Wintergoldhähnchen 119
Wissenswertes 8 ff.
Würger 174 f.
Würmer 72 f.

Zaunammer 208
Zaungrasmücke 146
Zaunkönig 122
Ziergärten 18 f.
Zilpzalp 139
Zippammer 207
Zugverhalten 10 f.
Zugvögel 10 f.
Zweigsänger 135 ff.

Über den Autor

Axel Gutjahr, Jahrgang 1959, begeisterte sich schon seit frühester Kindheit für Tiere und Pflanzen. Sein bereits in der Schulzeit angeeignetes, umfangreiches biologisches Fachwissen konnte er sowohl während seiner zwei Studien (Tierzucht und Agrarökonomie) als auch bei seiner beruflichen Tätigkeit als Fachschullehrer für Tierzucht und Assistent an der Universität Jena, wo er sich mit Verhaltensforschung beschäftigte, noch vertiefen.

Axel Gutjahr hat zahlreiche Sachbücher mit aquaristischen, gärtnerischen, biologischen und landwirtschaftlichen Inhalten verfasst. Außerdem stammen aus seiner Feder über 650 Beiträge, welche er in den unterschiedlichsten Fachzeitschriften publiziert hat.

Bildquellennachweis

Fotografien:

Hans-Werner Bastian, Brühl: S. 40 (2), 45 o. r., 46 u. r., 49 u. r., 52 (10), 53, 61, 83 u.

Jürgen Gräfe, Stadtroda: S. 155 u., 167 o., 193 u. (2)

Axel Gutjahr, Stadtroda: S. 19 u., 22 o., 24 l., 27 o., 36 u., 40/41, 43, 54 (2), 55 (2), 56 (2), 57 o. (2), 59 u., 73 u., 76 u., 77, 78 o., 85 o., 86, 87, 88, 89 u., 128, 224 o.

Matthias Hofmann, Weimar: S. 18, 19 o., 22 u., 23 o., 118 l., 247 u.

Leo/fokus-natur.de: S. 4, 6/7, 9 u., 10, 14 r., 16/17, 17, 20/21, 25 o., 26/27, 28 (2), 29, 31, 32, 33, 36 o., 37, 39, 44, 49 l., 60/61, 63 o., 64, 65, 67, 68, 70, 74/75, 79 o., 80, 81, 91, 93, 95 u., 97 o., 101 (2), 102, 103, 106 (2), 110, 113 (2), 114, 115 (2), 116, 117, 121 (2), 122, 124, 125, 127 r., 130 u., 131, 132, 136, 137, 138, 139 (2), 141 (2), 142, 143 u., 144, 145 (2), 147, 148 (2), 151, 154 u. l., 156 (2), 157 (2), 158 (2), 161 o., 162 u., 165 (2), 166, 167 u., 168, 169 o., 170, 171 o., 173, 174 (2), 175 (2), 176 u., 183 u., 184, 185 u. r., 186, 188, 189 (2), 190 u., 191 (2), 193 o., 194, 196 (2), 198 (3), 199 (2), 200, 201, 202 (2), 203 (2), 204 r., 205 (2), 206 (2), 209 (2), 212/213, 214, 215 o., 216 (2), 217 (2), 219 (2), 220 (2), 221 o., 222/223, 225 (2), 226 u. l., 231 r., 237 r., 240/241, 242 u., 245, 246, 248 r., 251 u.

Frank Julich, Jena: S. 72, 73 (3), 76 o.

MEV Verlag GmbH, Augsburg: S. 7, 13 u., 14 l., 24/25, 58, 92, 98, 112, 118 r., 129 u., 143 o., 149, 162 o., 187 u. l., 231 o., 247 o.

OKAPIA KG, Frankfurt am Main: S. 134, 152, 164, 172, 176 o., 178

Pröhl/fokus-natur.de: S. 8, 9 o., 11 (2), 12, 13 o., 23 u., 27 u., 30/31, 34/35, 42/43, 45 (3), 46 l., 46/47, 47 r., 48 (3), 57 u., 59 o., 62, 63 u., 66, 68/69, 71 (2), 78 u., 79 u., 82, 89 o., 90/91, 94, 95 o., 96, 97 u., 99, 100 (3), 101 u. r., 104/105, 106 u. r., 107, 108, 109 (2), 111 (2), 119 l., 120 (2), 121 u. l., 123, 126 (2), 127 l., 129 o., 130 o., 133 (2), 135, 140, 146 (2), 150 (2), 153 (2), 154 (2), 155 o., 158 r., 159, 160 (2), 161 u., 163 (2), 169 u., 171 u., 174 u., 177 (2), 179 o., 180 (2), 181 (2), 182, 183 o., 185 (2), 187 (2), 190 o., 192 o. l., 195 u., 197 (2), 204 l., 206 u. r., 207, 208 (2), 209 u. r., 210, 211 (2), 215 u., 218 (2), 221 u., 224 u., 226 (2), 227 (2), 228/229, 230 (3), 231 u. (2), 232 (3), 233 (2), 234 (2), 235 (3), 236 (2), 237 (2), 238, 239 (2), 241, 242 o., 243 (2), 244, 248 l., 249 (2), 250 (3), 251 o.

Wikipedia: S. 38 (NatJLN), 51 (Jonas Bergsten), 83 o. (SeppVei), 84 (David Castor), 85 u. (Lenny Montana), 119 r. (Cj Hughson), 179 u. (Losch), 192 o. r. (Laitche), 192 u. (Olaf Mertens), 195 o. (jans canon)

Illustrationen:

Sonja Heller, Menden: S. 49 o. r.

Malcolm Powell, Bergisch-Gladbach: S. 50